U0189974

中国沿海典型区域海洋生态补偿政策效果评估研究

石晓然 著

中国海洋大学出版社

·青岛·

图书在版编目(CIP)数据

中国沿海典型区域海洋生态补偿政策效果评估研究/
石晓然著. --青岛:中国海洋大学出版社,2024.3
ISBN 978-7-5670-3812-7

Ⅰ.①中… Ⅱ.①石… Ⅲ.①海洋生态学－补偿机制
－研究－中国 Ⅳ.①Q178.53

中国国家版本馆 CIP 数据核字(2024)第 055864 号

ZHONGGUO YANHAI DIANXING QUYU HAIYANG SHENGTAI BUCHANG ZHENGCE XIAOGUO PINGGU YANJIU

中国沿海典型区域海洋生态补偿政策效果评估研究

出版发行	中国海洋大学出版社		
社　　址	青岛市香港东路 23 号	**邮政编码**	266071
出 版 人	刘文菁		
网　　址	http://pub.ouc.edu.cn		
电子信箱	1193406329@qq.com		
订购电话	0532-82032573(传真)		
责任编辑	孙宇菲	**电　　话**	0532-85902349
装帧设计	青岛汇英栋梁文化传媒有限公司		
印　　制	青岛国彩印刷股份有限公司		
版　　次	2024 年 3 月第 1 版		
印　　次	2024 年 3 月第 1 次印刷		
成品尺寸	185 mm×260 mm		
印　　张	8.25		
字　　数	200 千		
印　　数	1～1 000		
定　　价	88.00 元		
审 图 号	GS 鲁(2024)0086 号		

发现印装质量问题,请致电 0532-58700166,由印刷厂负责调换。

前言
Preface

海洋是人类经济、社会可持续发展的重要战略资源基地。近年来,随着陆地资源的日益枯竭,不断向深度和广度扩展的海洋资源开发利用创造了中国新的经济增长点。但随着海洋经济的快速发展和海洋资源的加速开发,中国近海环境逐步恶化,生态承载力持续下降,局部区域海洋环境资源承载力已达极限,海岸带和海洋生态问题愈加突出,海洋生态环境破坏问题逐渐凸显,严重威胁了近海海域和海岸带生态安全,制约了海洋经济的可持续发展。于是,海洋、海域和海岛等领域的生态补偿的相关理论和政策相继出现,成为中国实现海洋经济与海洋环境相协调和可持续发展的现实选择。

中国政府高度重视海洋生态补偿,党的十九大也将海洋生态补偿确定为应对海洋生态环境恶化、提升海洋生态系统安全性和开展海洋生态文明建设的重要举措。随着海洋生态补偿机制建设的不断推进和海洋生态补偿力度的逐渐加大,这些海洋生态补偿政策的效果如何? 是否协调了当地的海洋经济发展和海洋生态环境的改善? 海洋生态补偿政策效果评估成为证实海洋生态补偿政策的有效性、衡量海洋生态补偿政策水平的必要途径。基于以上背景,本书尝试对海洋生态补偿的政策效果进行研究,以便进一步明确海洋生态补偿政策效果和资金运行效率的提高路径,为相关单位科学制定海洋生态补偿政策和决策提供支持,为建立和完善高效率的海洋生态补偿机制指明方向,为实现全球海洋治理、构建海洋命运共同体和全面贯彻落实海洋强国等奠定坚实基础,这对海洋生态补偿政策的全面推广具有重要的意义。

本书基于海洋生态补偿政策效果的概念和内涵,结合已有文献的研究成果,以公平性理论、可持续发展理论、外部性理论为指导,采用"从宏观到微观""从整体到局部"的研究角度,遵循"机理—测算—分析—检验"的研究思路对海洋生态补偿政策效果进行循序渐进的系统评价,具体研究内容如下。

首先,通过公平性理论和PSIR模型构建海洋生态补偿综合效果指数,对其测算结果、时空演化特征和影响因素开展深入剖析,并基于耦合关系、脱钩关系与共生关系对沿海地区海洋生态-海洋经济的关系进行综合考察。其次,运用考虑非期望产出的超效率SBM模型和Tobit模型分别对中国沿海地区的海洋生态补偿效率进行测度和影响因素分析;采用Malmquist指数测算全要素生产率与海洋生态补偿效率的动态变动关系;利用标准差椭圆(SDE)方法和灰色动态预测方法分别研究其空间转移特征与发展趋势。最后,与海洋碳汇渔业这一研究热点结合,基于双重差分法构建海洋生态补偿试点政策的"反事实"评价模型,研究海洋生态补偿试点政策对海洋碳汇渔业固碳强度的政策效应,深入剖析了政策的动态边际效应,并检验了政策的影响机制,为海洋蓝碳发展和中国政府增加碳汇储备的创新机制提供了有益的参考。

本书的研究结论为:第一,海洋生态补偿政策具有显著效果;海洋生态补偿政策效果和效率均随时间有明显的提升趋势,但空间差异逐渐增大;2003—2016年,海洋生态补偿试点政策的实施使海洋碳汇渔业的固碳强度提升了27.054万吨;海洋经济-海洋生态环境逐步向协调的可持续发展状态迈进。第二,典型区域的海洋生态补偿政策效果存在显著差异;北海区和南海区的海洋生态补偿政策存在显著效果,东海区的海洋生态补偿政策仍需进一步改进和完善。第三,海洋生态补偿政策存在明确的影响因素,但各典型区域海洋生态补偿政策效果的关键影响因素存在显著差异;整体海洋生态补偿政策效果提升的关键影响因素为节能减排力度(GDP能耗)、海洋环境治理能力(海洋环境治理投资)、海洋产业结构升级(海洋第三产业占比);降低GDP能耗、缩减海洋渔业专业人员数量和增加海水养殖面积有助于海洋碳汇渔业固碳强度的增加。第四,海洋生态补偿政策具备明显的空间转移特征和显著的空间挤出效应;海洋生态补偿效率空间分布呈现先缩小后逐渐增大的趋势,海洋生态补偿效率的空间聚集性增强,区域不平衡性有所收敛,空间分布格局基本保持稳定;由于环境类政策普遍存在的时滞性,且缺乏有效的制度来保障政策红利的充分发挥,海洋碳汇渔业固碳强度增长的驱动因素产生了显著的空间挤出效应,从而导致海洋生态补偿试点政策落入政策陷阱中。

本书的创新性在于:第一,基于生态公平理论和PSIR模型,构建"生态-经济-社会-管理"四位一体的海洋生态补偿综合效果评价指标体系,弥补了以往在生态补偿政策效果研究方面仅对生态环境改善方面开展单一研究的不足;对海洋生态与海洋经济的耦合关系、脱钩关系和共生关系进行综合考察,全面地揭示中国海洋生态-海洋经济系统的内在联动机制和运行规律。第二,在海洋生态补偿研究领域采用了基于效率的研究方法,弥补了海洋生态补偿效率方面的研究不足,采用多种模型创新海洋生态补偿效率的研究体系,发现目前中国海洋生态补偿效率处于中下水平,通过确定其主要影响因素,为海洋生态补偿政策的全面推广和改进提供重要参考。第三,在海洋生态补偿研究领域采用了双重差分法,有效解决了政策的内生性问题,避免了研究过程中其他相关政策对海洋生态补偿政策效果的影响;同时与海洋碳汇渔业这一研究热点结合,全面考察了海洋生态补偿政策对海洋碳汇渔业固碳强度的显著作用和影响机制,为海洋蓝碳的增加提供切实有效的思路,为中国政府增加碳汇储备的创新机制提供了有益的参考。

本书受海南省自然科学基金青年基金项目(项目号:422QN327)、2021年度海南热带海洋学院引进人才科研启动项目"海陆统筹视角下中国典型海洋生态补偿效果评估及优化路径研究"(项目号:RHDRC202113)资助出版。

目录
Contents

第一章 引 言

第一节 问题的提出

一、研究背景

海洋是人类经济、社会可持续发展的重要战略资源基地。近年来,随着陆地资源的日益枯竭,不断向深度和广度扩展的海洋资源开发利用创造了中国经济新的增长点。但随着海洋经济的快速发展和海洋资源的加速开发,海洋生态环境破坏问题逐渐凸显。据《2018 中国海洋生态环境状况公报》显示,我国海洋生态环境形势依然严峻:近岸海域劣四类水质占比达 15.6%,呈富营养化海域面积达 56680 平方千米,实施监测的河口和海湾生态系统均处于亚健康和不健康状态,陆源污染排放口超标率 95% 以上,海洋生态系统遭受严重威胁。中国近海环境逐步恶化,生态承载力持续下降,局部区域海洋环境资源承载力已达极限,海岸带和海洋生态问题愈加突出,严重威胁了近海海域和海岸带生态安全,制约了海洋经济的可持续发展。于是,海洋、海域和海岛等领域的生态补偿的相关理论和政策相继出现,作为公认缓解生态环境压力、实现生态利益与经济利益均衡发展的一种有效政策手段,成为中国实现海洋经济与海洋环境相协调和可持续发展的现实选择。

基于海洋生态环境保护的严峻性和紧迫性,借鉴国外在海洋生态补偿方面取得的经验成果,中国政府把建立健全海洋生态保护补偿制度纳入相关环境保护法律法规政策,党的十九大也将海洋生态补偿确定为应对海洋生态环境恶化、提升海洋生态系统安全性和开展海洋生态文明建设的重要举措。2016 年全国海洋生态环境保护工作要点明确指出了"沿海省级海洋部门结合实际推进海洋生态补偿和生态损害赔偿制度建设"。近年来,中国高度重视海洋生态补偿机制建设,据新华网报道,仅国家重点生态功能区转移支付一项,中央财政就在 2008—2014 年累计下拨 2000 余亿元。国务院、各地方政府陆续发布了海洋生态补偿政策措施,海洋生态补偿工作不断推进(表 1-1)。

表 1-1　海洋生态补偿的部分相关法律法规和政策文件

性质	政策文件	发布机构	发布时间	备注
国家政策文件	《防治海洋工程建设项目污染损害海洋环境管理条例》	国务院	2006 年	规定国家实行海洋工程环境影响评价制度
国家政策文件	《建设项目对海洋生物资源影响评价技术规程》	国家农业部	2007 年	海洋生物资源损失的评估依据
	在威海市、连云港市、深圳市开展全国海洋生态补偿试点	国家海洋局	2010 年	从海洋开发活动生态补偿、海洋保护区生态补偿和海洋生态修复工程生态补偿三方面推进海洋生态补偿的试点工作
	山东、福建、广东三省在围填海、跨海桥梁、海底排污管道等项目建设中开展生态补偿试点	国家海洋局	2011 年	由开发利用主体缴纳生态补偿费用，主管部门统筹安排于海洋生态保护补偿或由开发利用主体直接采取工程补偿措施进行生态修复与整治
	《海洋生态损害国家损失索赔办法》	国家海洋局	2014 年	海洋生态损害国家损失的范围和索赔内容
	《海洋生态损害评估技术导则》	国家海洋局	2017 年	规定海洋生态损害评估的工作程序、方法、内容及技术要求
地方政策文件	《福建省海域使用补偿办法》	福建省人民政府	2008 年	规定海域补偿费等于海域补偿标准基数乘以海域等级系数
	《山东省海洋生态损害赔偿和损失补偿评估方法》	山东省质量技术监督局	2009 年	山东省海洋生态损害赔偿和损失补偿资金的计算依据
	《福建省海洋生态补偿赔偿管理办法》	福建省海洋与渔业厅	2013 年	建立以生态建设为导向的激励机制
	《用海建设项目海洋生态损失补偿评估技术导则》	山东省质量技术监督局	2015 年	为用海建设项目海洋生态损失的评估计算提供有力技术支撑
	《山东省海洋生态补偿管理办法》	山东省财政厅、山东海洋与渔业厅	2016 年	明确海洋生态补偿包括海洋生态保护补偿和海洋生态损失补偿
	《厦门市海洋生态补偿管理办法》	厦门市政府	2018 年	实行"谁使用、谁补偿"原则，从事海洋开发利用活动者需实施生态修复工程或者缴交海洋生态补偿金

二、研究目的

随着海洋生态补偿机制建设的不断推进和海洋生态补偿力度的逐渐加大，对海洋生态补偿进行效果评估逐渐成为关注和研究的热点。这些海洋生态补偿政策的效果如何？是否协调了当地的海洋经济发展和海洋生态环境的改善？海洋生态补偿政策效果的评价和分析成为证实海洋生态补偿政策的有效性、衡量海洋生态补偿政策水平的必要途径，并能有效提高海洋生态补偿资金的运行效率,为相关单位科学制定海洋生态补偿政策和决策提供支持,为建立和完善高效率的海洋生态补偿机制指明方向,为实现全球海洋治理、构建海洋命运共同体和全面贯彻落实海洋强国等奠定坚实基础,对海洋生态补偿政策的全面推广具有重要的意义。

海洋生态补偿政策效果评估能够为决策者改进海洋生态补偿机制,消除海洋生态补偿政策运行中的弊端和障碍,为提高海洋生态补偿政策的效率和效益等提供依据。海洋生态补偿政策效果评估的主要研究目的表现在以下几个方面。

一是为海洋生态补偿政策走向提供借鉴。海洋生态补偿政策效果评估可判断海洋生态补偿政策的实施过程是否获得了预期的效果、海洋生态补偿的政策目标实现到什么程度、海洋生态补偿政策拟解决的问题有没有得到改善等。如果没有海洋生态补偿政策效果评估,会影响政策制定和决策者掌握海洋生态补偿政策的实施反馈,也会在一定程度上影响海洋生态补偿政策实施者参与政策贯彻落实的工作积极性。

二是进一步优化海洋生态补偿资源配置。海洋生态补偿政策效果评估能够对海洋生态补偿政策的效率做出判断,帮助甚至监督海洋生态补偿政策的决策者将有限的人力、物力、资金、技术等公共资源投放在效率更高的海洋生态补偿政策及执行方案中,从而进一步减少海洋生态补偿政策资源的浪费,实现海洋生态补偿政策资源的最优配置。

三是推动海洋生态补偿政策科学化。评估是发现问题、解决问题的过程,海洋生态补偿政策效果评估作为一个检验海洋生态补偿政策误差、提出海洋生态补偿政策调整建议的过程,能够总结海洋生态补偿政策制定和执行过程中的经验与教训,使其在后期海洋生态补偿政策执行阶段能加以改进,逐步提高海洋生态补偿政策的执行能力,完善海洋生态补偿政策的运行机制,日益减少海洋生态补偿政策过程中的主观成分,向海洋生态补偿政策科学化的方向发展。

四是促进海洋生态补偿政策民主化。海洋生态补偿政策效果评估是海洋生态补偿政策信息公开的一种方式,是鼓励公众参与海洋生态补偿政策监督的途径。海洋生态补偿政策效果评估可以弥补或减少信息不对称造成的决策失误,为中国海洋生态补偿机制的完善提供经验和建议。

三、研究意义

海洋生态补偿政策效果评估将对中国海洋生态补偿政策进行客观总结和评价。本书在海洋生态补偿政策大力推进的背景下,基于生态公平理论、可持续发展理论和外部性理论,在厘清海洋生态补偿政策效果评估的概念和相关理论基础上,对海洋生态补偿政策效果进行系统评估,可进一步证实中国海洋生态补偿政策的显著效果,肯定中国政府为改善海洋生态环境作出的突出贡献,为海洋生态补偿政策的进一步开展树立了坚定的信心,为构建全面、合理、有效的海洋生态补偿政策效果评价体系奠定坚实的理论基础。

海洋生态补偿政策效果评估可进一步健全和完善海洋生态补偿机制。政策效果评估是海洋生态补偿机制中不可或缺的一部分。通过理论分析与实证分析、综合评价和具体评价、静态分析和动态分析、传统分析与空间分析的结合,建立不同尺度上、不同视角下、面向不同主体的海洋生态补偿政策效果评估体系,对中国海洋生态补偿政策效果进行实证分析研究,可发现各生态补偿要素在机制运行中存在的问题和缺陷,并对海洋生态补偿政策效果的影响因素进行检验,总结得出海洋生态补偿政策的真实效果,为海洋生态补偿机制的健全完善提供重要借鉴。

海洋生态补偿效果评估将成为海洋生态补偿政策调整和改进的重要参考依据。海洋生态补偿政策效果评估需要与政策优化有机结合,实现海洋生态补偿效益最大化。通过对海洋生态补偿政策效果进行科学性、综合性、系统性的评估研究,不仅能够反映海洋生态补偿机制的影响作用,还可为海洋生态补偿政策的合理性和适用性的进一步优化提供有力支撑,为海洋生态补偿机制的逐步健全提供扎实的理论支持。通过相关影响因素和影响机制检验,以及海洋生态补偿政策的显著的空间关联、空间转移和空间挤出效应特征,可进一步证实海洋生态补偿效果区域差异调控的必要性,结合针对各典型区域的政策效果分析,可对各区域海洋生态补偿政策的实施和推广指明方向。

第二节　国内外相关研究进展

相关文献梳理是研究的基础,总结现有文献的相关经验和不足之处可为研究提供参考。以下将分别对国内外研究现状和发展动态开展介绍。

一、国外相关研究进展

目前,国外对海洋生态补偿政策效果评估的研究较少,本书将重点参考海洋生态补偿和生态补偿政策效果两个方面的研究经验。

1. 海洋生态补偿研究

目前,针对海洋生态补偿概念的内涵,国际上通用的类似概念有"生态/环境付费"(Payment for Ecological/Environment Services)和生态环境服务补偿(Compensation for Ecological/Environmental Services),且研究对象集中于流域生态服务补偿、维持生物多样性、森林碳汇补偿和景观维护等方面,涉猎海洋生态补偿领域的研究较少。

海洋生态补偿相关主体和对象的界定是建立海洋生态补偿制度的前提和基础。国外的海洋生态补偿主体(抑损型补偿)为破坏海洋资源和生态环境的赔偿主体。部分西方发达国家通过制定自然资源损害评估法案对海洋生态补偿的相关主体进行了界定,并通过托管人制度对海洋生态补偿进行托管、损害赔偿诉讼及实施海洋生态环境的具体修复。

海洋生态损害补偿(海洋生态损害的责任方对海洋生态系统服务损失的补偿)是国外海洋生态补偿的重要形式和手段,Rao 等(2014)制定了沿海海域生态损害赔偿的 MEDC 框架。生境等价分析法是国外海洋生态损害补偿的常用方法,Martin 等(2011)、Cole 等(2013)应用生境等价分析法评估了环境损害赔偿。Zafonte 等(2007)、Cabral 等(2016)提出应该同时考虑社会成本与福利和利益相关者的效用来达到补偿标准的高效化。Peng 等

(2011)开展了相关实证研究。

国外对于海洋生态补偿标准的研究多基于海洋生态系统服务价值标准和海洋生态损害的修复标准。其中,海洋生态系统服务价值标准主要来源于 2001 年联合国制定的生态系统服务价值评估框架。Paulo 等(2005)、Karl 等(2005)应用海洋生态系统服务价值标准,分别测算了赤潮、船舶搁浅等海洋环境污染和石油泄漏事故造成的损失。海洋生态损害修复标准则被美国和欧盟政府广泛采用,美国自然资源损害评估框架(NRDA)和欧洲成立的"欧盟应用资源等价分析法评估环境损害"项目,被广泛应用于海洋生态损害修复的案例研究(表 1-2)。

表 1-2　美国和欧盟自然资源损害赔偿法案界定的补偿主体和托管人

国家	法案	补偿主体	托管人
美国	清洁水法	排放石油或危险物质的船舶或岸上设施的所有者、营运者或直接控制人以及特别情况下的第三方	该法授予联邦环保署建立工业污水排放的标准,并继续建立针对地表水中所有污染物的水质标准的权力。除非根据该法获得污水排放的许可证,任何人不得从点污染源向可航行的水道中排放污水
	综合环境反应、赔偿与责任法	当前该船舶或设施的所有者或营运人;通过合同或其他方式借助第三人拥有或营运的设施处置危险物质,或为处置本人或其他主体拥有的危险物质安排运输的人;危险物质为发生泄漏或存在泄漏危险的处置设施接受后,负责运输危险物质的人	国家海洋与大气管理局是海岸及海洋资源的托管人。由生物学家、资源经济学家和律师等组成的地区损害估算团队来协助受托人估算自然资源损害,制定和评估修复方案,以及通过谈判或诉讼的方式获得损害赔偿
	石油污染法	船舶的所有者、营运人或因遗赠受领船舶的人;海上设施所在地的承租人或许可证持有人,以及依州法或《外大陆架土地法》取得土地使用权或地役权者;管道的所有者和根据 1974 年《深水港口法》授权的深水港口许可证的持有者	
欧盟	环境责任法令	从事以下欧盟立法所调整活动的经营者:关于综合防治和控制污染的96/61/EC 号指令(IPPC 指令)、关于运输有危害的物质的立法、关于废物管理作业的立法以及关于向环境中直接排放转基因有机物的立法	规定成员国具有自然资源损害赔偿的起诉资格,并要求成员国任命主管机构作为有关自然资源的托管人行事,由其承担估算自然资源损害和决定适当的修复方案。但非政府组织和公民个体无权要求污染者直接赔偿损害,但有权要求主管机构采取措施修复损害,并对即将采取的修复措施提请观察

2. 生态补偿政策效果研究

国外关于生态补偿实施的效果评估集中于生态补偿效率研究领域,研究方向主要分为标准制定、测度方法、工具的有效选择等多个方面。生态补偿的实施会涉及区域生态、环境、社会、经济等各方面发展情况,Feng 等(2015)通过建立包含反映各方面影响情况的指标体系,对森林系统的生态补偿效果开展绩效评价。

生态补偿的有效性指其达到环境目标的能力。国际生态补偿关注的重点是如何将 PES (Payments for Environmental Services)基金转化为有效的实地保护。Bremerll 等(2014)认为 PES 项目的目标效果取决于补偿项目对于受偿群体的可及性和可取性,尤其对贫困山区来说,更广泛的土地权属、更多的社会资本和替代生计的发展才能实现村民的更多参与。Wunder 等(2007)从参与者角度,总结了生态补偿实施的三方面困难:需求方有限、对供应方了解过少以及对 PES 项目的了解争议。除此之外,Huber 等(2013)从补偿实施的市场环境角度,研究分析了瑞士某牧场林地 PES 项目的社会-生态反馈过程,揭示了目前的市场政策可能阻碍 PES 实施。

根据生态补偿理论,生态补偿的目的在于使资源和环境被适度持续地开发和利用,使经济发展与生态保护达到平衡协调,其本质为生态利益、经济利益和社会利益的重新分配。因此,对于生态补偿的公平性研究显得尤为重要。国外学者开展了大量针对生态补偿的公平性研究。Sommerville 等(2010)研究了 PES 项目实践中难以兼顾效率与公平,存在的环境保护与利益分配问题;Mcdermott 等分析了社会公平受到生态系统服务变化的影响层面;Vatn A(2010)、Pascual 等(2010)、Tacconi(2012)基于福利经济学等角度研究了 PES 机制的公平问题;Leimona 等(2015)开展了生态补偿效率引发的社会不公平研究。

二、国内相关研究进展

国内对海洋生态补偿政策效果评估的研究较少,本书同样将重点参考海洋生态补偿和生态补偿政策效果两个方面的研究经验。

1. 海洋生态补偿研究

早在 1987 年,张诚谦首先提出生态补偿并对其开展研究。王森等(2007)首次将生态补偿渗透和延伸到海洋领域,提出对海洋生态价值的相关补偿应合理化地遵循价值流动的准则和规律。目前国内对海洋生态补偿的研究多基于概念内涵、补偿相关主体、海洋生态损害评估、海洋生态补偿标准、海洋生态补偿方式等方面,缺乏对海洋生态补偿政策效果评价方向的研究。

海洋生态补偿的概念内涵和类型。国内部分专家学者对海洋生态补偿开展较为全面的理论研究,在海洋生态补偿的概念内涵界定方面取得丰富的成果,但尚未对海洋生态补偿的概念形成共识。王森等(2007)、丘君等(2008)、刘碧强等(2014)对海洋生态补偿概念进行界定研究。王森等(2007)将海洋生态补偿看作对海洋资源开发利用和海洋环境保护的经济手段,通过制定政策或利用市场调节手段使海洋资源开发利用活动中的成果受益者支付一定费用,对海洋生态环境的保护措施和行为进行支持与鼓励;刘霜等(2000)、崔凤等(2010)将海洋生态补偿视为对海洋生态功能的补偿,即人为采取的以恢复海洋生态系统中受损害的部分服务功能为目的的修复活动。郑伟等(2011)、郑苗壮等(2012)将海洋生态补偿纳入"外部性内部化"的理论范畴。在海洋生态补偿的类型方面,赵斐斐等(2011)、郑伟等(2011)根据其外部性内部化性质,将海洋生态补偿分为海洋生态保护补偿和海洋生态损害补偿;李京梅等(2015)将海洋生态补偿总结为"谁受益、谁补偿"的增益型补偿和"谁破坏、谁补偿"的抑损型补偿。

海洋生态补偿相关主体和对象。国内专家学者开展了大量关于海洋生态补偿相关主体和对象的研究。李京梅等(2015)将补偿相关主体定义为负责筹集海洋生态补偿资金、实施海洋生态修复的执行者和义务方。王立安等(2016)将海洋生态补偿的主要对象确定为海洋资源开发活动中的受害者、海洋生态系统修复的保护者和具体实施者、为减少生态破坏作出贡献者。于冰等(2018)认为海洋生态补偿主体应遵循"谁破坏、谁补偿"的原则,并结合实际案例确定了各类情况下的具体补偿对象。在具体实践方面,贾欣等(2010)根据利益相关者分析确定了渔业生态补偿的补偿主体和补偿对象;连娉婷等(2012)、唐瑜颖等(2015)分别研究了填海造地和围海造地过程中的海洋生态补偿主体与补偿对象。国内部分学者还基于博弈理论与模型对海洋生态补偿的各相关主体之间的博弈关系展开进一步研究。

海洋生态损害补偿。按照补偿性质将海洋生态补偿分为海洋生态保护补偿(对海洋生态保护者和建设者产生的外部性收益的补偿)和海洋生态损害补偿(海洋生态损害的责任方对海洋生态系统服务损失的补偿)两类。龚虹波等(2017)、于冰等(2018)从补偿主体、损害程度判别、补偿标准、补偿方式、补偿保障措施等方面探讨了海洋生态损害补偿的研究进展和相关问题。杨寅等(2011)、李京梅等(2012)利用生境等价分析方法分别研究了溢油及围填海造地的生态损害。生态系统服务价值法也是海洋生态损害补偿的常用方法。在理论研究方面,陈尚等(2013)构建了海洋生态损害补偿的评估框架,贾欣(2013)基于此研究了海洋生态损害补偿的各种计量模型。苗丽娟等(2014)、王衍等(2015)开展了相关实证研究,但是该方法在实际应用中应注意兼顾社会、经济福利及海洋生态环境的协调。

海洋生态补偿标准。海洋生态补偿的实现需要制定完善的补偿标准,不同类别海洋生态补偿标准见表1-3。国内海洋生态补偿标准的实践尤其是渔业生态补偿研究多基于直接经济损失标准。国家层面发布的《渔业污染事故经济损失计算方法》及部分沿海地区出台的有关海洋生态补偿赔偿制度多采用直接经济损失标准。彭本荣等(2000)、刘容子等(2008)、韩秋影(2008)、赵斐斐等(2011)分别研究了围填海造地的生态损害价值、潮滩湿地生态系统服务功能价值、示范区建设对渔民的补偿强度等海洋生态系统服务价值标准。杨寅等(2011)、李京梅等(2012)则采用等价分析法估算溢油事故和围垦等造成的修复补偿规模。

表1-3 不同类别海洋生态补偿标准

确立依据	具体标准	测算方法	局限性
基于海洋生态系统服务价值标准	(1)以海洋生态系统的供给服务、支持服务、调节服务和生境服务等的经济价值为标准; (2)基于用海方式对服务价值的损害程度,利用经济价值评估方法将建设项目导致损害的物理量转化为经济价值的损失量,将损失的货币量作为补偿量; (3)针对某种海洋资源保护措施,例如设立海洋自然保护区,将增加或维护的生态系统服务功能转化成货币量作为补偿标准	$Y = \sum_{i=0}^{n} V_i / S$ 式中,i 为受到损害/增加的生态服务类型;n 为受到损害/增加的生态服务类型数目;V_i 为第 i 种生态服务受损/受益价值折现后总量;S 为生态损害/保护区的面积	对海洋生态系统服务功能进行货币化评估较难实现。由于海洋具有整体性和流动性的特点,很难辨别资源开发或保护范围、作用时间及影响,估算结果偏大。可作为生态补偿标准的上限

续表

确立依据	具体标准	测算方法	局限性
基于直接经济损失标准	(1) 增益型补偿的直接经济损失标准为保护自然的成本损失,包括保护区的管理、建设成本损失,保护区当地居民因让渡产权而丧失的机会成本和发展成本损失; (2) 抑损型补偿的直接经济损失标准指依据建设项目影响海洋生物资源的范围和程度,根据受影响的海洋生物资源的市场价格计算受损害的海洋生物资源的直接经济损失	$$Y = \sum_{i=1}^{n} D_i \cdot S \cdot P$$ 式中,Y 为补偿额;n 为受损的海洋生物资源类型;D_i 为生物密度(kg/hm²);S 为受到污染的面积;P 为当地海洋生物市场价格(元/千克)	充分考虑了用海建设项目的生物资源损害代价,但没有完全考虑所损失的生态服务功能社会总效用,因此一般将此作为海洋生态补偿的最低标准,常用于计算渔业资源补偿费
基于海洋生态损害的修复标准	(1) 把受损的海洋资源及其服务功能恢复到基线水平的修复成本,即初始性修复措施成本; (2) 从损害开始到资源恢复到基线水平期间的功能损失补偿,即补偿性修复措施成本; (3) 执行损害评估产生的合理成本,包括损害评估费、行政执法费、数据收集费用及相关监控成本等	假定公众愿意接受在损失的服务和通过修复获得的服务之间一对一的权衡,通过确定需要实施的修复工程或计划,并基于修复工程提供的生态服务和受损生境的生态服务等假设,估算修复工程的规模以对公众的损失进行补偿	能避免获取经济损失尤其是非使用价值损失有效评估的困难。符合生态补偿的保护海洋生态环境,使受破坏的海洋生态系统或海洋资源发挥原有的服务功能

海洋生态补偿方式。目前对海洋生态补偿方式的具体分类尚未达成共识。专家学者们基于不同准则分别研究了海洋生态补偿方式:韩秋影等(2008)依据补偿获取来源不同将海洋生态补偿分为经济补偿、生境补偿、资源补偿、政策补偿和智力补偿;杨寅等(2011)、郑伟等(2011)则从补偿主体和运作机制的角度,将其具体分为政府补偿和市场补偿;李京梅等(2015)将海洋生态补偿总结为"谁受益、谁补偿"的增益型补偿和"谁破坏、谁补偿"的抑损型补偿。本书按照李京梅等(2015)的研究对海洋生态补偿方式进行具体总结和案例分析(表1-4)。

表1-4 海洋生态补偿方式的主要形式及案例

分类	主要形式	案例
增益型补偿	货币补偿、资源补偿、政策补偿和智力补偿等,应用于渔业资源管理、建设项目用海等	(1) 美国 1995 年实施的恢复佛罗里达湾和泰勒沼泽原始生态环境计划,以及之后的生境保育计划(HCP)和湿地保护银行(WMB)来保障海洋生态的健康发展; (2) 日本开展的围填海造地的生态修复补偿实践,如专门设立再生补助项目,在神户人工岛实施的人工填海造岛工程中始终坚持生态修复补偿优先,实现经济、社会、生态效益的"三赢"; (3) 中国 21 世纪实施的海洋渔业减船转产工程、2001 年的《渤海碧海行动计划》、20 世纪 80 年代开始的人工增殖渔业资源措施、中央政府和各沿海地方政府建立的海洋生态资源的生态补偿制度、沿海地区举办的渔民转产转业培训

分类	主要形式	案例
抑损型补偿	以货币补偿和生态修复为主	(1) 海洋溢油的生态补偿方面:《国际油污损害民生公约》(CLC)、《国际建立油污损害赔偿基金公约》(IOPC Fund)等国际补偿公约,美国《1990年油污法》(OPA90),墨西哥湾溢油响应基金及"海湾海岸索赔工具(GCCF)"方案; (2) 中国海域使用金征收,《海洋环境保护法》规定对造成海洋环境污染的海洋石油勘探开发活动进行罚款,2007年制定《海洋溢油生态损害评价技术导则》等

2. 生态补偿政策效果研究

在生态补偿政策效果评估方面,部分学者对森林、农业、流域等生态补偿效果开展评价研究。本书通过总结借鉴国内生态补偿政策效果评估的经验和方法,为海洋生态补偿政策效果评估奠定基础,并为健全海洋生态补偿机制提供支持服务。

生态补偿实施的效率(绩效)研究。国内学者开展了大量的生态补偿效率(绩效)评价研究。生态补偿的实施会涉及区域生态、环境、社会、经济等各方面发展情况,岳思羽等(2012)、徐旭等(2018)、秦小丽等(2018)通过建立包含反映各方面影响情况的指标体系,对森林、农业、流域等各个系统的生态补偿效果开展绩效评价;徐大伟等(2015)进一步完善生态补偿效率的指标体系,除了考虑了社会-经济-环境影响外,还从政策的实施、管理、效果等不同层面进行指标层设计。生态补偿制度的实施涉及不同区域、不同行业、不同部门、不同经济主体之间的利益问题,因此,近年来从补偿主体的受影响角度来评价该制度/政策的实施效果开始兴起。孟浩等(2012)基于农户认知构建水源地生态补偿社会效益评估体系,余亮亮等(2015)基于农户满意度视角构建耕地保护经济补偿政策绩效评价体系,龚亚珍等(2016)从生态绩效、收入影响和政策满意度对草原生态补偿政策进行评估研究。通过识别主要利益相关者对不同生态补偿政策方案的偏好情况,可以进一步完善生态补偿政策设计中的补偿要素安排。

生态补偿实施的有效性研究。国内对于生态补偿的有效性研究起步较晚。刘平养等(2014)以黄浦江上游水源地为例进行研究得出,水源地的社会经济活动强度是影响生态补偿有效性的关键要素;马庆华等(2015)在成本效用分析框架基础上,结合外部性理论,将生态补偿金额与环境效益增加值的比值作为外部效应内部化程度指数,更明确地反映了生态补偿作为一种内化环境外部性的经济手段的有效性;张兴等(2017)通过异质性农户视角对退耕还林生态补偿机制的有效激励作用进行了评价;彭亮(2018)对退耕还林激励机制的有效性进行了研究;陈儒等(2018)通过运用农业碳计量模型核算碳产品产量,评价了低碳视角下农业生态补偿的激励有效性。

生态补偿的公平性研究。国内基于发展战略角度提出了生态公平理论。董小君(2009)提出了主体功能区建设的公平缺失条件下我国生态补偿机制基本框架;隋春花(2010)基于生态公平视角探讨了广东生态发展区生态补偿机制建设;梁红兰(2015)研究了内蒙古草原社会经济发展过程中的生态不公平问题,在此基础上提出解决内蒙古草原生态不公平问题的途径;王晋(2016)构建了兼顾效率与公平的门槛式补偿模型并进行实证;杨超等(2019)、吴立军等(2019)研究了基于公平视角下地区碳排放权分配和碳生态补偿。

生态补偿的综合效果评估。国内专家学者开展了大量生态补偿的综合效果评估研究。王怡(2008)基于环境-社会经济(E-SEc)综合评价的概念,构建了环境-社会经济的综合评价指标体系;曹超学等(2009)综合了碳汇生态指标及其他社会经济指标评价了退耕还林工程的综合效果;耿翔燕等(2017)制定了水源地生态补偿综合效益评价体系,运用市场价值法、影子工程法等对山东省云蒙湖生态补偿效益进行了货币价值核算;李彩红等(2019)对流域双向生态补偿进行综合评价。部分学者基于 DPSIR 模型,从生态补偿运行的驱动因素、环境保护成本压力、环境改善状态、对经济社会环境的影响、人类政策的响应之间的逻辑关系进行梳理,对生态补偿政策开展综合评价。佟长福等(2017)、刘金福等(2017)利用此评估框架对农业节水生态补偿、湿地生态补偿的实施效果进行评价,但研究的影响要素集中于环境要素,还需纳入社会、经济方面的要素。

三、研究述评

基于对海洋生态补偿的国内外相关文献分析,各个方向的研究成果为本书研究提供了针对海洋生态补偿政策效果评估的有益参考。海洋生态补偿的概念和内涵奠定了海洋生态补偿政策效果评估概念的理论基础,同时结合现有海洋生态补偿的主体、对象、标准、方式等研究,为海洋生态补偿政策效果评估的基本理论提供了参考。从海洋生态补偿相关研究综述可以看出,目前对海洋生态补偿政策效果评估的研究较少,不能对海洋生态补偿进行有效的监督、评估和反馈。海洋生态补偿政策效果评估将有效衡量海洋生态补偿政策水平,进一步完善海洋生态补偿的研究框架和内容,并能有效提高海洋生态补偿资金的运行效率,为相关单位科学制定海洋生态补偿政策和决策提供支持,为建立和完善高效率的海洋生态补偿机制指明方向。

通过生态补偿政策效果评估的研究综述可知,目前生态补偿政策效果研究虽取得一些成果,但考虑到环境经济政策所涉及的利益群体广泛、相关数据繁杂,仍缺乏系统的评估模型和方法,且易受人为因素干扰,在研究过程中存在较多的问题和困难,尚未建立系统的生态补偿政策效果评价体系。生态补偿政策效果评估的相关内容和方法可为海洋生态补偿政策效果评估提供全面的参考,也为本书的研究思路带来了很多启发。但必须意识到,海洋有着水体流动性、空间立体性和资源整体性等自然属性,不能简单地将生态补偿政策效果评估的方法和思路复制到海洋生态补偿政策效果评估之中,海洋生态补偿政策效果评估研究必须考虑海洋生态补偿的独有特征;在深入分析已有生态补偿政策效果评估研究的优劣和适用性基础上对海洋生态补偿政策效果评估研究加以改进与优化。

第三节　研究内容与方法

本书基于海洋生态补偿政策效果的概念和内涵,结合海洋生态补偿政策效果评估的理论基础和已有文献的研究成果,对海洋生态补偿政策效果进行系统评价。

一、研究思路

海洋生态补偿政策效果评估是证实海洋生态补偿政策的有效性、衡量海洋生态补偿政策水平的必要途径，是海洋生态补偿政策全面推广和改进完善的重要依据。而政策效果评估的关键是海洋生态补偿政策效果评价模型的科学构建和对海洋生态补偿政策有效性的实证分析，二者的前提则是海洋生态补偿政策效果研究的基本理论和机理分析。因此，本书在明晰海洋生态补偿政策效果评估概念内涵的基础上，以生态公平理论、可持续发展理论、外部性理论为指导，采用"从宏观到微观""从整体到局部"的研究角度，遵循"机理—测算—结果分析—影响因素"的研究思路对海洋生态补偿政策效果进行循序渐进的系统评价：一是在系统详细地分析海洋生态补偿政策效果评估的各部分研究机理的基础上，通过构建海洋生态补偿的综合效果评价指标体系，编制海洋生态补偿综合效果指数，基于耦合协调关系、脱钩关系和共生关系对海洋生态和海洋经济的总体关系进行综合考察，实证分析沿海地区和典型区域的海洋生态补偿综合效果，利用计量回归模型、Kernel 估计及 ArcGIS 软件的空间演化分析，深入剖析其关键影响因素和时空分布特征；二是测算各沿海省市的海洋生态补偿效率，基于海洋生态补偿的代表性投入产出指标，利用考虑非期望产出的超效率 SBM—DEA 模型、Malmquist 指数模型，实证分析了沿海省市的海洋生态补偿效率、全要素生产率及其分解情况，并通过 Tobit 模型分析了海洋生态补偿效率的关键影响因素，最后利用标准差椭圆方法揭示了海洋生态补偿效率的空间分布特征，并通过灰色动态预测模型对其发展趋势进行预测；三是与海洋碳汇渔业这一研究热点结合，通过双重差分法构建"反事实"模型，研究海洋生态补偿试点政策对海洋碳汇渔业的固碳强度的影响，并分别进行了时间动态效应和影响机制检验，全面考察了海洋生态补偿政策对海洋碳汇渔业固碳强度的显著作用和影响机制，为海洋蓝碳的增加提供切实有效的思路，为中国政府增加碳汇储备的创新机制提供了有益的参考。

二、研究内容

本书研究内容主要如下。

一是对宏观海洋生态补偿政策效果的综合评价。基于公平性理论和 PSIR 模型，从海洋经济发展状况、海洋生态环境整治效果、沿海地区社会改善发展水平和海洋生态环境监管能力等四个方面，构建综合的评价指标体系，测算海洋生态补偿综合效果指数，对宏观海洋生态补偿政策的整体及局部的时间演化、空间演化特征进行综合评价分析，并对其影响因素进行检验。基于海洋生态环境的治理效果和海洋经济发展状况分析海洋生态与海洋经济的耦合关系、脱钩关系与共生关系，从海洋生态补偿视角对中国沿海地区的海洋生态-海洋经济进行综合考察。

二是对宏观海洋生态补偿政策的局部特征-效率开展针对性评价。参考海洋经济效率、海洋经济绿色效率和海洋生态效率的相关研究经验，选取合适的海洋生态补偿投入产出指标和相应模型测度海洋生态补偿效率，进行整体和局部的特征分析，探究海洋生态补偿效率的关键影响因素和提升路径;还可以进一步研究全要素生产率与海洋生态补偿效率的动态变动关系,深入刻画空间转移特征并进行预测。

三是对微观的海洋生态补偿的具体试点政策进行反事实评价。双重差分法作为比较完善的解决政策内生性的政策评价方法,已广泛应用于政策效果评价。与海洋碳汇渔业这一研究热点结合,在符合双重差分法的共同趋势检验后,设定海洋生态补偿试点政策双重差分评价模型,检验海洋生态补偿试点政策对海洋碳汇渔业固碳强度的影响,并将所得结果进行稳健性检验和影响机制检验,明晰海洋生态补偿试点政策的具体效果。

三、研究方法

本书结合海洋生态补偿政策效果评估的概念和内涵,借鉴生态补偿效果、海洋生态补偿等研究的先进经验,采用了多种方法对海洋生态补偿政策效果进行系统评价,具体可分为以下几类。

(1)理论分析方法与实证分析方法。本书的理论分析集中在第二章,同时第三、四、五章的第一节分别对下文各部分的研究机理和潜在影响因素进行初步归纳分析;本书的第三、四、五章的实证部分则侧重于构建相应的模型来检验海洋生态补偿政策的效果,并分别通过计量回归模型、Tobit 模型、双重差分的影响机制检验等方法检验了影响因素的作用。

(2)综合评价方法和具体评价方法。第三章通过构建综合评价指标体系,编制海洋生态补偿综合效果指数,从海洋生态补偿视角对海洋生态和海洋经济的总体关系进行综合考察,体现海洋生态补偿政策的综合效果;第四、五章则分别从效率和单一试点政策的角度评价海洋生态补偿政策的具体效果,两者结合可从各层面、多角度对海洋生态补偿政策的效果进行有效评价。

(3)静态分析方法和动态分析方法。第三章对测度结果中整体、分项指标和典型区域的分析属于静态分析,采用 Kernel 估计对其时间演化及 ArcGIS 软件对空间演化的分析属于动态分析;第四章利用非期望产出的超效率 SBM-DEA 模型进行的海洋生态补偿效率的分布特征分析属于静态分析,通过 Malmquist 指数分析全要素生产率及其动态分解属于动态分析;第五章除对回归结果进行静态分析外,还对政策的时间动态效应进行了检验。动态分析可以更好地总结海洋生态补偿政策效果的发展变化规律,检验政策的时间效应,为海洋生态补偿政策的进一步修正和完善提供参考。

(4)空间分析方法。部分章节在基础的传统分析基础上,引入了空间分析的方法:第四章通过标准差椭圆方法测算了海洋生态补偿效率的空间分布特征;第五章在双重差分方法中增加对政策的空间挤出效应检验。这些空间分析方法拓展了本书研究和结论的广度与深度。

以上所有方法的具体形式将在第三、四、五章的第一节中进行详细说明。

四、技术路线

本书采用的具体技术路线见图 1-1。

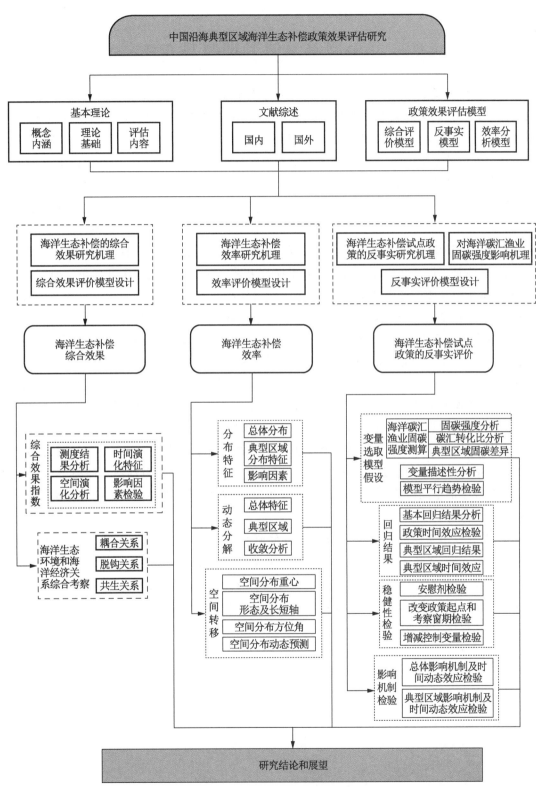

图 1-1 技术路线

13

第四节　研究创新点

结合上文的文献综述可知,目前国内外海洋生态补偿政策效果的相关研究较少,本书选取海洋生态补偿政策效果作为研究对象具有一定的创新意义。同时,本书通过宏观和微观、整体和局部视角,结合综合效果评估、效率评价和反事实评价方法,对海洋生态补偿政策效果进行全方位的系统评估,实证分析了各沿海地区及典型区域的海洋生态补偿政策效果,为今后政策效果评估研究提供新的思路。本研究的创新点主要体现在以下几方面。

第一,在综合效果评估方面,基于生态公平理论和PSIR模型,构建"生态-经济-社会-管理"四位一体的海洋生态补偿综合效果评价指标体系,能够更加全面地了解海洋生态补偿政策对海洋生态环境改善、海洋经济协调发展、海洋社会协调进步、海洋管理能力提升带来的综合影响,弥补了以往在生态补偿政策效果研究方面仅对生态环境改善开展单一研究的不足;同时基于海洋生态补偿视角,对海洋生态与海洋经济的耦合关系、脱钩关系和共生关系进行综合考察,全面地揭示中国海洋生态-海洋经济系统的内在联动机制和运行规律,对沿海地区现有规律产生更加深刻的认识,为海洋生态补偿政策效果的评价结果提供有效参考。

第二,在效率评价方面,在海洋生态补偿研究领域采用了基于效率的研究方法;利用基于非期望产出的超效率SBM-DEA模型、Malmquist指数对沿海地区海洋生态补偿政策涉及的资金、资源和劳动力投入的冗余状态及海洋生态改善和海洋经济发展的产出情况开展了针对性评价,弥补了海洋生态补偿效率方面的研究不足,发现目前中国海洋生态补偿效率处于中下水平;利用Tobit模型深入挖掘海洋生态补偿政策实施过程的主要制约因素,为达到海洋生态补偿效率的最大化指明方向;利用标准差椭圆模型、灰色动态预测模型,对海洋生态补偿效率的空间转移特征进行详细分析和预测,为海洋生态补偿政策的全面推广和改进提供重要参考。

第三,在反事实评价方面,在海洋生态补偿研究领域采用了双重差分法,有效解决了政策的内生性问题,避免了研究过程中其他相关政策对海洋生态补偿政策效果的影响;同时与海洋碳汇渔业这一研究热点结合,全面考察了海洋生态补偿政策对海洋碳汇渔业固碳强度的显著作用和影响机制,为海洋蓝碳的增加提供切实有效的思路,为中国政府增加碳汇储备的创新机制提供了有益的参考。

第二章 相关概念与理论基础

海洋生态补偿政策效果评估是一个比较新的研究方向。在正式研究开展之前,有必要对海洋生态补偿政策效果的概念进行界定,并明确其相关理论,为下文相关研究奠定扎实的理论基础。

第一节 相关概念界定

下文涉及的主要概念包括中国沿海典型区域、海洋生态补偿、海洋生态补偿政策效果评估、海洋碳汇渔业的固碳强度等,在此将进行相关概念的界定,为下文相关研究奠定基础。

一、中国沿海典型区域

典型区域划分对研究结果有着重要的作用,可对海洋生态补偿政策效果进行有效对比。目前相关研究中对中国沿海典型区域有着不同的划分方式,主要为按照自然属性或基于经济组团属性进行划分。本书总结了前人研究中对中国沿海典型区域的选取和分类,具体参见表2-1。

表 2-1 中国沿海典型区域

典型区域名称	自然属性	基于经济组团划分			行政海区
		传统	全国海洋主体功能区规划	海洋开发规划	
典型区域名称	渤海 黄海 东海 南海	环渤海 长三角 珠三角(广义)	环渤海 长三角 珠三角 海峡西岸 环北部湾 海南	环渤海 长江口—杭州湾 闽东南沿海 珠江口 北部湾	北海区 东海区 南海区

考虑到行政管理措施对政策效果的影响,本书创新性地将中国沿海典型区域确定为按照行政海区区划原则划分的各区域,即依据目前中国海洋管理系统划分的北海(辽宁、天津、

河北、山东)、东海(江苏、浙江、上海、福建)、南海(广东、广西、海南)三个典型海区。下文研究将分别对这三个典型区域的海洋生态补偿政策效果进行针对性评估,以此来判断各区域海洋生态补偿政策的实际效果,并提供差异化的改进措施。

二、海洋生态补偿

目前,海洋生态补偿政策效果评估尚未确定明确的概念,本书认为海洋生态补偿政策效果评估是政策效果评估理论在海洋生态补偿领域的具体实践。因此,应先明确海洋生态补偿的概念。在此参考生态补偿政策效果和政策效果的相关概念对海洋生态补偿政策效果的概念进行界定。

从文献综述中得知,海洋生态补偿理论研究起步较晚,在中国属于比较新的概念和实践,尚未取得较为完善的成果和结论。海洋生态补偿这一理论源自生态补偿的概念,但因目前学术界对生态补偿的理解存在很大差异,故尚未形成统一的海洋生态补偿概念。目前对海洋生态补偿的概念理解分为以下几类:一是将海洋生态补偿看作海洋资源环境保护的一种经济手段,通过制定政策或利用市场调节手段使海洋资源开发利用活动中的成果受益者支付一定费用,对海洋生态环境的保护行为进行支持和鼓励;二是将海洋生态补偿视为对海洋生态功能的补偿,即人为采取的以恢复海洋生态系统中受损害的部分服务功能为目的的修复活动;三是将海洋生态补偿纳入"外部性内部化"的理论范畴,将其分为海洋生态保护补偿和海洋生态损害补偿两类;李京梅等(2015)将海洋生态补偿总结为"谁受益、谁补偿"的增益型补偿和"谁破坏,谁补偿"的抑损型补偿。

本书认为,海洋生态补偿是指运用政府和市场的手段建立起来的,以经济手段为主,通过制定利益相关者之间的环境利益、经济利益及社会利益关系的相关制度,以保持海洋生态环境的健康和海洋生态系统服务的可持续利用,实现社会的和谐发展。其目的在于使海洋资源保持可持续地开发和利用,使海洋经济发展与海洋生态保护达到平衡和协调。

三、海洋生态补偿政策效果评估

综上可知,海洋生态补偿政策效果评估是公共政策评估在海洋生态补偿政策领域的具体应用,是海洋政策评估在海洋生态补偿领域的特殊体现,需要遵循公共政策评估的基本原理、方式与方法,还需要考虑海洋政策的特殊性和相关性。借鉴海洋政策评估的概念,海洋生态补偿政策效果评估的内涵界定为依据海洋生态补偿政策的目标和标准,通过特定的评价程序与步骤,对海洋生态补偿政策效果的各个方面进行客观、系统和经验型的评价,以向海洋生态补偿政策决策者提供有价值的政策效果信息,作为海洋生态补偿政策调整和改善的基础与依据。

从海洋生态补偿的政策实施角度来看,结合"海洋＝地球连续水体＋周缘海岸＋海床＋底土＋海洋资源"公式,凡是促进海洋生态环境修复或对海洋环境保护有利的经济措施都可以归结到"海洋生态补偿"之中。

结合以上定义,中国在海洋生态补偿方面的探索和实践包括但不局限于:20世纪80年代开始的生产性增殖放流、20 世纪 90 年代开始的海域使用金征收制度、21 世纪实施的海洋渔业减船转产工程、各地区相继开展的建设人工鱼礁等海洋牧场建设工作、2010—2011 年国家海洋局在威海、连云港、深圳开展的海洋生态补偿试点政策、以"南红北柳"生态工程为代表的滨海湿地修复政策、以"重点生态功能区"和"海洋自然保护区"资助为代表的海洋保护与发展专项资金建设、近年来在部分地区探索的排污权有偿使用和交易制度等。

海洋生态补偿政策的研究对象存在不同。第三、四章对海洋生态补偿综合效果和海洋生态补偿效率的研究,选取的海洋生态补偿政策为广义的海洋生态补偿政策,即应包含所有已实施的促进海洋生态环境修复或对海洋环境保护有利的经济和行政措施。第五章海洋生态补偿试点政策的反事实评价,选取的海洋生态补偿政策为 2010—2011 年原国家海洋局在威海、连云港、深圳开展的海洋生态补偿试点政策,通过构建双重差分法模型可以有效消除其他相关政策对其效果的内生性影响。

四、海洋碳汇渔业的固碳强度

海洋碳汇渔业指能够充分发挥碳汇功能,直接或间接吸收并储存水体中的 CO_2,降低大气中的 CO_2 浓度,进而减轻水体酸度和减缓气候变暖的海洋渔业生产活动的泛称。海洋碳汇渔业是全球海洋碳汇的重要组成部分,在应对全球气候变化中具有十分重要的作用。

海洋碳汇渔业固碳强度定义为在海洋碳汇渔业生产活动中所固定的碳汇。具有碳汇功能的渔业生产活动通常不需要投饵,如海水养殖业中的贝藻养殖,而鱼类和甲壳类等的生产过程须投入饵料,因此鱼类和甲壳类不属于碳汇渔业的探讨范畴。因此,本书对海洋碳汇渔业固碳强度的研究内容限定为海水贝藻养殖碳汇。

海水贝藻养殖固碳通过以下四种途径:第一,海水养殖藻类可以通过植物的光合作用吸收大气和海水中的 CO_2,一部分转化为自身有机碳,其余通过复杂的生物化学过程和可溶性有机碳(DOC)和颗粒有机碳(POC)进入海水或海底沉积物中;第二,海水养殖贝藻通过吸收海水中的 CO_2,减少海水 CO_2 分压,促进大气中部分 CO_2 溶解于海水,加速海洋碳的物理泵循环;第三,海水养殖贝类通过滤食活动,吸收浮游植物和海水中的颗粒有机碳,部分转化为自身的软体组织和贝壳,部分通过呼吸代谢以 CO_2 的形式回到海水,部分通过粪便的沉积参与生物地化循环,加快了碳汇的垂直方向运移;第四,海水养殖贝类除以上情况外,贝壳的生长过程也可将 CO_2 溶解于海水中产生的 HCO_3^- 与 Ca^{2+} 结合成 $CaCO_3$,这一过程也有固碳作用。

第二节 相关基础理论

参考生态补偿政策效应的理论基础,海洋生态补偿政策效果评估的相关基础理论主要包括公平性理论、可持续发展理论和外部性理论。

一、公平性理论

根据生态补偿理论,生态补偿的目的在于使资源被适度持续地开发与利用,使经济发展与生态保护达到平衡协调,其本质为生态利益、经济利益和社会利益的重新分配。因此,对于生态补偿的公平性理论研究显得尤为重要。

中国基于发展战略视角提出了"生态公平",并将其应用于环境问题的解决。生态环境公平失衡问题违背了绿色和谐的理念,逐渐成为维持人与自然和谐发展和建设生态文明的首要问题。从哲学角度来解释,生态公平涉及人类自身、人与自然和人与社会关系的协调解决,而生态补偿机制及相关税收制度则充分诠释了生态公平。本书参考曹万林等(2019)的研究,把海洋生态公平分解为公平拥有海洋经济发展、公平享受海洋生态环境、公平获得社会发展福利三个方面,各方面均在下文的研究中得到体现。

二、可持续发展理论

可持续发展的思想起源于 1980 年联合国环境规划署(UNEP)等国际组织制定的《世界自然保护大纲》。可持续发展理论的正式提出基于 1983 年联合国第 38 届大会通过的布伦特兰委员会起草的《我们共同的未来》,这是世界范围内可持续发展理论的奠基性文本。中国可持续发展理论基础为 1994 年牛文元发表的《持续发展导论》。随着实践发展,可持续发展理论进一步深化发展为地球系统观、生态文明思想和低碳经济的概念,生态学方向可持续发展的重要指标和基本原则是"环境承载力与经济发展之间取得合理的平衡"。结合海洋生产和资源开发活动,可持续发展应该做到使海洋生态压力在海洋生态承载力范围内,即保证海洋资源开发和利用速度小于海洋资源的再生速度、入海的污染物排放不超过海洋环境容量、海洋生态破坏能力小于海洋生态修复能力、海洋环境污染恶化趋势不超过海洋环境综合整治能力,最后实现海洋经济繁荣发展、社会文明进步、海洋生态环境优化、海洋资源可持续利用和海洋生态系统的良性循环。

三、外部性理论

外部性是由英国的马歇尔和西季威克于 1890 年率先提出的概念,20 世纪 20 年代被庇古于《福利经济学》中发展和完善,广泛应用于经济学尤其是环境经济学的研究和实践。外部性理论的具体概念随着研究的深入不断深化,在中国认可度最高的是沈满洪等(2002)的研究,即外部性是某个经济主体对另一个经济主体产生的一种外部影响,而这种外部影响又不能通过市场价格进行买卖。外部性理论存在多种研究领域,而生态环境的外部性特征在以往研究中多次得到证明。结合海洋生态环境保护领域,由于海洋特有的整体性、水体流动性和空间立体性等自然属性特征,外部性的影响主要体现在外部经济(海洋生产活动或资源开发使沿海地区人民生存利益受损而无法向前者收费的现象)和外部不经济(海洋生产活动或资源开发使沿海地区人民生存利益受损而前者无法补偿后者的现象),海洋生态补偿可以有效地改善这一现象。因此,海洋生态补偿政策效果评估必须参考外部性理论的相关内容。

第三节　相关研究方法

政策效果评估模型是政策效果评估的重要手段,选取合适的政策效果评估模型是实现海洋生态补偿政策效果量化评估的重要步骤,在此对目前常用的政策效果评估模型进行介绍,为下文海洋生态补偿政策效果评估的模型选取奠定理论基础。

一、综合评价模型

综合评价指通过选取全面、多属性的评价标准和评价目的对评价对象进行全局与整体的综合评价。综合评价模型是综合评价的重要手段,是政策效果评估模型的重要组成部分,也是目前生态补偿效果评估的常用方法。综合评价模型的主要作用是将多个指标转化为一个能够反映综合情况的数值作为评价依据,被广泛应用于微观和宏观两个层面的社会、经济、科技、环境等的评价和分析。综合评价模型的核心在于评价指标的选取和指标权重的确定,这已成为国内外相关领域的研究重点。

在指标的选取方面,研究趋势是由单一属性指标向多维度的综合指标体系发展。结合生态环境领域,综合评价模型指标的选取也由单一的环境整治效果指标向经济-环境-社会的统一协调方向发展。部分研究还引入了群众满意度和环境监测管理能力提升的相关指标。在指标权重方面的研究也取得了丰富的成果,主要采用定性方法(专家打分法等)、定量方法(层次分析法、网络层次分析法、模糊数学方法、灰色关联分析法、熵权法、人工神经网络分析等)、基于统计分析方法(主成分分析、因子分析法、聚类分析法等)、基于目标规划方法(ELECTRE 方法、数据包络分析、Topsis 方法等)和多方法融合的评价方法(组合赋权法、组合评价法等)来进行综合评价模型的测算,具体方法可根据指标体系的类型、数据特点和评价目标进行针对性选择。

二、经济计量模型

经济计量模型将经济政策实施目标的对应变量作为被解释变量,将政策变量作为解释变量,可以方便地评估各种不同的政策对目标变量的影响,从而得到有效的政策评估结果。政策效果评估多采用宏观经济学中的大型联立方程组模型、向量自回归模型等。

大型联立方程组模型被广泛应用于政府决策部门、国际组织及民间经济组织。常用模型为基于均衡思想的可计算一般均衡模型(CGE)和动态随机一般均衡模型(DSGE),这也是现阶段政策评价领域的主流研究方法。其中,CGE 模型主要应用于在预算约束条件下各经济行为主体实现利润最大化或效用最大化,最终达到均衡的稳定状态。而 DSGE 模型则根据一般均衡理论,从单个经济主体的行为决策出发,通过适当的加总技术得到经济的总量行为方程,利用动态优化方法得出各个经济主体在资源、技术、信息约束等条件下的最优行为决策满足的一阶条件,构成大型的联立方程组并求解相关参数。和传统的计量模型相比,DSGE 模型的结构性特点在一定程度上可以有效避免"卢卡斯批判",相对其他方法有着一定优势。但是,DSGE 模型的建立必须以经济的典型化事实作为指南,不加分析地照搬国外模型,会严重脱离经济实际。同时,DSGE 模型中涉及大量的参数,这些参数的获得必须基于特定研究对象,但在目前的研究中,研究者还大量存在着照搬国外参数的现象,使得 DSGE 模型的结果不具有针对性。此外,DSGE 模型的建立及求解非常复杂,限制了其在政策实践中的应用。

向量自回归模型简称 VAR 模型,是一种常用的计量经济模型,1980 年由克里斯托弗·西姆斯提出。VAR 模型是用模型中所有当期变量对所有变量的若干滞后变量进行回归。VAR 模型用来估计联合内生变量的动态关系,而不带有任何事先约束条件。它是 AR 模型的推广,此模型已得到广泛应用。向量自回归(VAR)是基于数据的统计性质建立模型,VAR 模型把系统中每一个内生变量作为系统中所有内生变量的滞后值的函数来构造模型,从而将单变量自回归模型推广到由多元时间序列变量组成的"向量"自回归模型。VAR 模型是处理多个相关经济指标的分析与预测最容易操作的模型之一,并且在一定的条件下,多元 MA 和 ARMA 模型也可转化成 VAR 模型,因此近年来 VAR 模型受到越来越多的重视。

三、反事实模型

反事实模型是近年来新兴的微观政策评估方法,通过使用多种计量经济学工具、借助"准实验"的机会克服内生性问题来估计政策的处理效应,构建反事实的"准实验"是政策效应评估的核心。目前,利用微观非实验数据构建反事实的方法主要有断点回归法(RD)、工具变量法(IV)、双重差分法(DID)、合成控制法(SCM)、倾向匹配法(PSM)等。本书总结了上述几类方法的特点及优缺点(表 2-2),为下文选取海洋生态补偿政策效果评估的研究方法奠定理论基础。从表 2-2 可知,各种方法的适用条件各有不同,优劣各异。在利用相关数据进行政策效应评估实践时,应结合自身需求选取合适的方法。

其中,双重差分法以其所需数据少、简单可行的优势受到政策评估者的偏好,被广泛应用于各种政策效果评估研究,在生态环境政策领域也有很多应用,如部分专家利用双重差分法对低碳试点城市建设、流域横向生态补偿、湿地保护效果、排污权交易试点、其他环境规制(环境管制、限行政策、煤改气)等进行了一系列研究,取得了丰富的成果,为本书相关研究开展提供了思路。

表 2-2 反事实方法和效率分析模型总结

反事实方法	基本思想	优点	缺点
工具变量法(IV)	将政策变量视为外生变量,用虚拟变量的系数来近似政策效应	方法简洁 计算简单	工具变量难选择 假定非理性
断点回归法(RD)	当个体的某一关键变量的值大于某一临界值时,个体接受政策干预,反之不受干预	避免参数估计的内生性 操作简单	假设较难实现
双重差分法(DID)	将公共政策视为一个自然实验,为了评估出一项政策实施所带来的净影响,将全部的样本数据分为两组:一组是受到政策影响,即处理组;另一组是没有受到同一政策影响,即控制组	需要数据少 简单可行	选择性偏误 分组样本异质性 动态异质性
倾向匹配法(PSM)	基于倾向值对变量进行匹配	成功降维 因果推断分析	极强前提假设 数据量要求大 稳健性受挑战

续表

反事实方法	基本思想	优点	缺点
合成控制法（SCM）	通过对多个参照组进行加权来合成一个接近于控制组的对照组,即每个经济体根据各自数据特点的相似性,构成反事实事件中所作的贡献;按照事件发生之前的预测变量来衡量对照组和处理组的相似性	非参数方法 减少主观判断	对照组较多 数据要求高
数据包络模型（DEA）	把其中一个决策单元作为一个被评价单元,由其他的决策单元构成评价群体,确立与问题相应的数学模型,通过对模型的求解得到相对效率的综合分析,从而确定生产可能集和生产前沿面,并根据各决策单元与生产前沿面的距离状况,判定各决策单元是否 DEA 有效,进而达到评价排序的结果	处理多投入多产出 不受量纲影响 评价公平客观 提供改善效率途径	非绝对效率评估 无法衡量负值产出 决策单元足够多
随机前沿法（SFA）	用明确的函数关系表示投入变量对产生变量的影响程度,发现政策变量与目标变量之间的关联,从而评估宏观政策的效果	考虑了随机因素 对于产出的影响	参数方法 需要确定生产前沿的具体形式 技术效率随机项分布形式理论不完善

四、基于效率分析的模型

部分专家基于效率角度评估政策实施的效果,主要模型有数据包络模型(DEA)和随机前沿方法(SFA)。二者的具体思想及优缺点见表 2-2。其中,DEA 以其能处理多投入多产出、不受量纲影响、评价公平客观并能为效率改进提供具体参考的优势获得了研究者的亲睐,在政策效果评估方面获得了更为广泛的研究,被广泛应用于海洋经济效率、海洋经济绿色效率和海洋生态效率的相关研究。在生态补偿领域,少数专家开展了生态补偿效率研究的尝试:熊玮等(2018)利用 SBM-DEA 模型对江西的国家重点生态功能区生态补偿效率进行了综合评价;曲超等(2019)采用三阶段 DEA 模型对长江经济带 11 省、市国家重点生态功能区生态补偿环境效率水平、变化趋势及其差异性进行评价。上述研究为本书提供了重要的参考。

五、研究方法述评

通过政策效果评估模型的研究综述可知,随着计量工具的发展和统计计量技术的进步,政策效果评估模型取得了丰富的研究成果,并充分运用到政策效果评估的实践中去。但目前政策效果评估量化模型和方法的运用还处于不规范状态,尚未形成系统的评价体系;同时考虑到很多政策效果评估模型的评估方法建立在严苛的假设条件之上,但实际情况往往不同于自然科学中可操控的可重复实验,这也是海洋生态补偿政策效果评估模型的选取必须考虑的问题。总之,通过对政策效果评估模型的具体分析,可全面了解主流政策效果评估模型的特征和优势,在结合海洋生态补偿本身特点和数据特点基础上,有助于选取适合海洋生态补偿政策效果评估的具体模型。

第三章 海洋生态补偿政策综合效果评价

第一节 研究机理

根据海洋生态补偿理论,海洋生态补偿的目的在于使资源和环境被适度持续地开发和利用,使经济发展与生态保护达到平衡协调,其本质为生态利益、经济利益和社会利益的重新分配。因此,本书认为海洋生态补偿政策的实施应对海洋经济、海洋生态环境和沿海地区社会发展的相关部分产生影响;同时考虑到海洋生态补偿政策的实施需要通过海洋管理部门的环境监管能力,故海洋生态环境监管能力也会受到海洋生态补偿政策的影响。具体影响机制见图3-1。

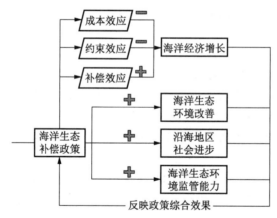

图3-1 海洋生态补偿政策的综合影响机制

海洋生态补偿对海洋生态环境有着直接的促进作用。实施海洋生态补偿会促进生产部门增加海洋污染治理投资,能采取更加有效的措施来预防和治理海洋污染,并能间接淘汰对海洋生态环境不利的技术和产能,有利于海洋生态修复和环境改善。

海洋生态补偿对沿海地区社会发展和海洋生态环境监管能力的影响也比较明确。海洋生态补偿是对社会利益的重新分配,实施海洋生态补偿政策在提升海洋生态环境和海洋经济发展的同时也将促进沿海地区社会的均衡发展。而海洋生态补偿政策的实施可以激励海洋管理部门重视海洋生态环境的监管,如增加海洋生态环境管理人员数量、促进管理人员的专业化、完善海洋生态环境监测设备体系,这些均可直接促进海洋生态环境监管能力的提升。

海洋生态补偿对海洋经济的影响机制则相对比较复杂,在此参考陶静等(2019)的研究,对其进行具体分析。首先,海洋生态补偿政策的实施会增加环保成本,并通过"成本效应"和"约束效应"对海洋经济增长造成消极影响。一方面,海洋生态补偿政策实施后,海洋生产部门为达到环保标准,会加大污染治理投入和降低污染物排放,直接增加了企业在环境治理方面的资金和劳动力投入,即"成本效应";另一方面,海洋生产部门面对海洋生态补偿政策需要在原有决策体系中增加额外的环保约束内容,在生产过程、设备升级、工艺更新、扩大规模等决策中使自身满足环保约束,进而限制其经济增长,即"约束效应"。其次,海洋生态补偿的"补偿效应"有利于提高海洋经济增长质量。一方面,基于静态视角,海洋生态补偿虽然增加了成本和投资,但从长远来看,为在新的环保约束下保持自身较强的竞争力,企业会主动加大技术更新和工艺改进,进一步提高生产效率,进而实现企业利润的增长;另一方面,基于动态视角,根据波特假说,合理的环保约束促进了海洋生产部门的技术创新,此举能有效改善劳动者健康水平,增加企业对高素质人才的吸引力,提高海洋生产效率。以上生产效率的提升均可以补偿海洋生态补偿政策的"成本效应"。

本章通过两部分来对海洋生态补偿政策的综合效果进行评价:一是通过构建海洋生态补偿综合效果指数,有效评价海洋生态补偿政策对海洋经济协调发展、海洋生态环境整治、社会协调发展水平和海洋生态环境监管能力的综合效果,为海洋生态补偿政策的进一步推广和改进提供参考;二是利用耦合关系、脱钩关系、共生关系对海洋生态和海洋经济的关系进行综合测评,全面地揭示中国海洋生态-海洋经济系统的内在联动机制和运行规律,对沿海地区现有规律产生更加深刻的认识。

第二节 模型设计

海洋生态补偿综合效果评价指在确定一套合理的海洋生态补偿综合效果评价指标体系的基础上,对海洋生态补偿政策效果进行综合评价。本书将主要通过构建海洋生态补偿综合效果评价指标体系,编制海洋生态补偿综合效果指数,并基于耦合关系、脱钩关系、共生关系对海洋生态与海洋经济的关系进行综合考察。

一、变量选择和指标设计

1. 根据生态公平理论和 PSIR 模型选取指标

海洋生态补偿综合效果的评价指标体系是进行海洋生态补偿综合效果指数评价的基础,本书将基于生态公平理论和 PSIR 模型构建完善的指标体系。

生态公平理论的具体内容参见第二章。本书将海洋生态公平分解为公平拥有海洋经济发展、公平享受海洋生态环境、公平获得社会发展福利三个方面,且均在下文的研究中得到体现。

PSIR 即由压力(Pressures)、状态(State)、影响(Impact)、响应(Responses)构成的整体评估框架,被广泛应用于环境方面的系统性评价。本书参考 PSIR 模型的相关思路,从压力、状态、影响和响应等方面对海洋生态补偿的综合效果进行系统考察,选取完善的海洋生态补偿评价指标。具体模型含义和指标见图 3-2。

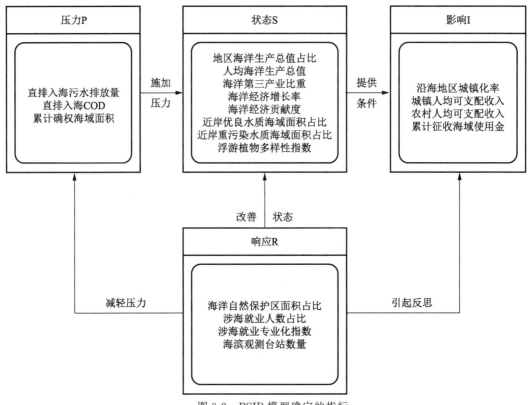

图 3-2　PSIR 模型确定的指标

2. 指标体系构建

在生态公平和 PSIR 模型的基础上,结合海洋生态补偿综合效果的影响机制及前人研究,构建 3 个等级的海洋生态补偿政策效果综合评价指标体系(表 3-1):第一等级为目标层,即海洋生态补偿政策实施效果;第二等级为要素层,包括海洋生态环境整治状况、海洋经济协调发展状况、沿海地区社会协调发展水平和海洋生态环境监管能力四个方面;第三等级为指标层,包含 19 个指标。

表 3-1　海洋生态补偿政策效果综合评价指标体系

目标层	要素层	指标层
海洋生态补偿政策实施效果	海洋生态环境整治状况	近岸优良水质海域面积占比
		近岸重污染水质海域面积占比
		直排入海污水排放量
		直排入海 COD
		浮游植物多样性指数
		海洋自然保护区面积占比

续表

目标层	要素层	指标层
海洋生态补偿政策实施效果	海洋经济协调发展状况	地区海洋生产总值占全国海洋生产总值比重
		海洋经济增长率/%
		人均海洋生产总值
		海洋经济贡献度
		海洋第三产业比重
	沿海地区社会协调发展水平	涉海就业人数占比
		城镇人均可支配收入
		农村人均可支配收入
		沿海地区城镇化率
	海洋生态环境监管能力	海滨观测台站数量
		涉海就业专业化指数
		累计征收海域使用金
		累计确权海域面积

　　海洋生态环境整治状况。实施海洋生态补偿政策的主要目的在于改善海洋生态环境，其中海水水质是最能体现海洋生态环境质量的指标，本书用优良（一类和二类）水质海域面积占地区海域面积比值来评价该地区海洋生态环境健康情况。另外，对直排入海污染源污染的控制有利于海洋生态环境的改善，用直排入海污水排放量、直排入海 COD 来表征污染物排放的控制能力；浮游植物是水生生态系统的初级生产者，浮游植物多样性指数对于水体质量具有重要指示意义；海洋自然保护区作为海洋环境整治和生态修复项目的重要手段，对恢复海洋生态环境具有显著的成效，海洋自然保护区面积占比可以在一定程度上代表海洋生态环境改善情况。

　　海洋经济协调发展状况。海洋经济增长率作为海洋经济发展水平、发展速度的重要指标被引入对海洋经济发展状况的评价；人均海洋生产总值和海洋生产总值比重也能在很大程度上体现海洋经济发展质量；海洋第三产业比重则代表了海洋经济绿色发展水平。

　　沿海地区社会协调发展水平。海洋生态补偿是对社会利益的重新分配，实施海洋生态补偿政策在提升海洋生态环境和海洋经济发展的同时也将促进社会的均衡发展。本书选取了涉海就业人数占比和沿海地区城镇化率来分析沿海地区海洋社会发展水平；考虑公平发展的问题，还引入了城镇人均可支配收入和农村人均可支配收入。

　　海洋生态环境监管能力。海洋生态环境监管能力直接影响海洋生态补偿政策的实施效率，反映各地区对海洋生态补偿政策实施的可持续能力。本书选取了海滨观测台站数量、涉海就业专业化指数来代表海洋生态环境监管水平；用累计征收海域使用金、累计确权海域面积来评价海洋生态环境的监管效果。

二、数据来源和检验处理

　　本书原始数据主要来源于 2005—2017 年《中国环境年鉴》《中国海洋统计年鉴》《中国统

计年鉴》、各省份统计年鉴、中国近岸海域环境质量公报、相关海区的海洋环境质量公报以及各省份的海洋环境状况公报等。部分指标通过整理和计算所得。

模型中包含各种量纲不同、数值相差很大的指标,因此在指标权重计算前应对正负向指标进行归一化处理。本书采用客观评价的熵值法,结合专家打分法、层次分析法、二项系数法和环比评分法对各个要素层和具体指标进行赋权,求得海洋经济协调发展、海洋生态环境整治效果、沿海地区社会协调发展、海洋生态环境监管能力四个分项结果,加权得到海洋生态补偿综合效果指数。具体方法和公式参见相关文献(专家打分法、层次分析法、熵值法、二项系数法和环比评分法)。

三、综合效果指数模型设定

海洋生态补偿综合效果指数评价分为两个部分:首先通过时空分布、区域差异和影响因素等方面深入分析中国沿海地区海洋生态补偿综合效果指数;然后通过计量回归模型分析海洋生态补偿综合效果的影响因素。

1. 综合效果指数测算及分析

根据海洋生态补偿综合效果评价指标体系(表 3-1),通过各指标原始数据和指标权重,求出海洋生态环境整治效果、海洋经济协调发展、沿海地区社会协调发展水平和海洋生态环境监管能力四个分项的结果,加权求得海洋生态补偿综合效果指数,并对结果进行整体指数、分项结果和典型区域的测度结果分析、时间演化特征与空间演化分析,进而得出海洋生态补偿综合效果的有效评价。

其中,测度结果分析方面,从整体指数、分项结果和典型区域的角度分别对海洋生态补偿效果的综合指数进行具体分析;时间演化特征方面,利用核密度(Kernel)估计方法总结海洋生态补偿综合效果指数随时间的动态变化特征,具体方法说明及公式参见王泽宇等(2015)、梁华罡(2019)的研究;空间演化分析方面,通过 ArcGIS 10.2 软件中的空间分析技术对各年海洋生态补偿综合效果指数的发展水平进行直观分析,并绘制代表年份的海洋生态补偿综合效果指数空间分布图,进而分析各沿海地区海洋生态补偿综合效果指数的空间演化情况。

2. 海洋生态补偿效果综合指数的影响因素分析

由于中国沿海省区的海洋环境治理水平、节能减排力度、对外开放程度、海洋科技水平和海洋灾害影响的迥异,有可能导致海洋生态补偿综合效果产生差异。海洋环境治理水平可以提高海洋生态环境监测管理能力,遏制海洋环境污染,有效改善海洋生态环境;部分学者研究发现对外开放程度与环境污染有着密切的联系,对外开放可能带来环境技术溢出,增加污染物排放,导致污染加剧;海洋科技水平可以直接推动海洋经济结构升级和海洋资源结构的可持续开发,有助于提升海洋经济效应和生态效益;海洋灾害则直接体现了海洋经济和社会发展面临的自然环境,对海洋生态补偿政策的综合效果产生重要影响。综合考虑以上情况,为进一步分析海洋生态补偿综合效果的影响因素,本书在去除表 3-1 各指标的基础上,参考相关文献,选取以下影响因素(表 3-2)。

表 3-2　海洋生态补偿效果综合指数的影响因素

影响因素	具体指标	指标说明	关系说明
海洋环境治理水平	海洋环境治理投资额	环境污染治理投资×海洋生产总值/GDP	环境污染的外部经济性特征使得单一依靠市场调节难以实现环境质量的持续改善,需要政府加以规范和调节
节能减排力度	GDP 能耗	能源消耗总量(万吨标准煤)/GDP	代表产业能源结构的调整力度,能耗越高表示该省份海洋经济发展对能源消耗的依赖性越强,导致污染物排放量增加
对外开放程度	进出口总额占比	进出口总额/GDP	对外开放程度与环境污染之间呈不规则倒"U"型关系
海洋科技水平	海洋研发经费占比	海洋科研机构经费收入/海洋 GDP	先进的海洋科学技术可提升海洋经济的生产质量,降低海洋资源和环境的损耗率
海洋灾害影响	海洋灾害经济损失	海洋灾害经济损失,从《海洋统计年鉴》获得	体现海洋经济和社会发展所面临的自然环境,海洋灾害会对海洋经济和社会发展造成冲击,并可能对海洋生态环境造成破坏

设定计量回归模型:

$$D_{it} = \beta_1 \ln me_{it} + \beta_1 \ln gdpeit + \beta_3 op_{it} + \beta_4 \ln st_{it} + \beta_5 \ln dam_{it} + \mu_{it} \qquad 式(3-1)$$

其中,D_{it} 代表综合效果指数;me_{it} 代表海洋环境治理投资额;$gdpeit$ 代表 GDP 能耗;op_{it} 代表进出口总额占比;st_{it} 代表海洋研发经费占比;dam_{it} 代表海洋灾害经济损失;μ_{it} 代表常数项。同时为了消除异方差影响,对于非比率的变量均进行对数化处理。通过 Stata 15 软件选择合适的回归模型对其进行回归,具体结果见本章第四节。

四、海洋生态和海洋经济综合考察模型设定

根据各指标原始数据和指标权重,计算海洋生态环境整治效果和海洋经济发展状况的结果,并以此为依据,结合前人研究,通过耦合关系、脱钩关系和共生关系的分析方法测评海洋生态环境和海洋经济的关系。

1. 海洋生态-海洋经济的耦合关系

耦合关系包括耦合度和耦合协调度,可以表示两个及更多的系统存在的协同关系。其中,耦合度主要表现系统相互作用的强弱程度,耦合协调度则侧重反映系统之间的和谐程度。本书借鉴前人研究,将海洋生态-海洋经济耦合度和耦合协调度分别表示为

$$C = \frac{2\sqrt{F_i \times G_i}}{F_i + G_i}$$

$$D = (C \times T)^{\frac{1}{2}}$$

$$T = a \cdot F_i + b \cdot G_i \qquad 式(3-2)$$

其中,C 为海洋生态-海洋经济子系统之间的耦合度,取值范围为[0,1],其值越大,表明海洋生态和海洋经济的耦合程度越好;F_i 代表海洋经济指标测度;G_i 代表海洋环境指标测度。D

为海洋生态-海洋经济子系统之间的耦合协调度;T 为海洋生态-海洋经济子系统之间的综合协调指数;a 为海洋经济系统的权重,b 为海洋生态系统的权重,基于海洋生态补偿中两者地位相等,故本书取 $a=b=0.5$;D 越大,表现出两个子系统之间的协调性越好。

借鉴张晓等(2018)的研究,制定以下分类标准(表 3-3)。

表 3-3　海洋经济子系统与海洋生态子系统耦合协调分类标准

耦合度	$0 \leqslant C \leqslant 0.3$	$0.3 < C \leqslant 0.5$	$0.5 < C \leqslant 0.8$	$0.8 < C \leqslant 1$
耦合等级	基本不耦合	拮抗阶段	磨合阶段	高水平耦合阶段
耦合协调度	$D < 0.4$	$0.4 \leqslant D < 0.5$	$0.5 \leqslant D < 0.6$	$0.6 \leqslant D < 0.7$
耦合协调等级	严重失调衰退	中度失调衰退	轻度失调发展	初级协调发展
耦合协调度	$0.7 \leqslant D < 0.8$	$0.8 \leqslant D < 0.9$	$0.9 \leqslant D < 1$	—
耦合协调等级	中级协调发展	良好协调发展	优质协调发展	—

2. 海洋生态-海洋经济的脱钩关系

脱钩关系可以有效测度海洋经济与海洋生态之间的压力情况。借鉴陈琦等(2015)和王丽娜(2018)的研究,依据 Tapio 模型,本书将海洋经济子系统和海洋生态子系统的脱钩度表示为

$$E = \frac{\%\Delta MA}{\%\Delta GOP} = \frac{(MA_n - MA_{n-1})/MA_{n-1}}{(GOP_n - GOP_{n-1})/GOP_{n-1}} = \frac{MA_n/MA_{n-1}-1}{GOP_n/GOP_{n-1}-1} \qquad 式(3-3)$$

式中,E 为脱钩弹性系数;ΔMA 为海洋生态子系统评价结果的变化率;ΔGOP 表示海洋生产总值的变化率;MA_n,MA_{n-1} 分别表示第 n 年和 $n-1$ 年的海洋生态子系统评价值;GOP_n,GOP_{n-1} 分别表示第 n 年和 $n-1$ 年的海洋生产总值。

在计算出相应脱钩度后,采用陈琦等(2015)的研究方法,把脱钩弹性值进一步划分成不同的区间,对每一区间赋予相应的数值,作为脱钩指数(表 3-4),可详细表征脱钩状态的演变过程。

表 3-4　海洋经济与海洋生态脱钩状态评价

脱钩状态	$\%\Delta GOP$	$\%\Delta MA$	$E_{(MA,GOP)}$		脱钩指数
强脱钩	>0	<0	$E_{(MA,GOP)} < 0$	$(-\infty, -0.6)$	28
				$[-0.6, -0.4)$	27
				$[-0.4, -0.2)$	26
				$[-0.2, 0)$	25
弱脱钩	>0	>0	$0 \leqslant E_{(MA,GOP)} < 0.8$	$[0, 0.2)$	24
				$[0.2, 0.4)$	23
				$[0.4, 0.6)$	22
				$[0.6, 0.8)$	21
衰退脱钩	<0	<0	$E_{(MA,GOP)} > 1.2$	$(1.8, +\infty)$	20
				$(1.6, 1.8]$	19
				$(1.4, 1.6]$	18
				$(1.2, 1.4]$	17

脱钩状态	%ΔGOP	%ΔMA	$E_{(MA,GOP)}$		脱钩指数
增长连接	>0	>0	$0.8 \leqslant E_{(MA,GOP)} \leqslant 1.2$	[0.8,1.0)	16
				[1.0,1.2]	15
衰退连接	<0	<0	$0.8 \leqslant E_{(MA,GOP)} \leqslant 1.2$	[1.0,1.2]	14
				[0.8,1.0)	13
扩张负脱钩	>0	>0	$E_{(MP,GOP)} > 1.2$	(1.2,1.4]	12
				(1.4,1.6]	11
				(1.6,1.8]	10
				(1.8,+∞)	9
弱负脱钩	<0	<0	$0 \leqslant E_{(MP,GOP)} \leqslant 0.8$	[0.6,0.8)	8
				[0.4,0.6)	7
				[0.2,0.4)	6
				[0,0.2)	5
强负脱钩	<0	>0	$E_{(MP,GOP)} < 0$	[-0.2,0)	4
				[-0.4,-0.2)	3
				[-0.6,-0.4)	2
				(-∞,-0.6)	1

3. 共生关系

参考王嵩等(2018)的研究,利用 Logistic 共生函数模型,计算 2006—2016 年中国 11 个沿海地区(省、直辖市、自治区,不含港澳台,下同)的海洋生态环境与海洋经济发展的内生增长率和共生系数。具体公式如下:

$$\begin{cases} \dfrac{\mathrm{d}F(t)}{\mathrm{d}t} = r_F \left[1 - \dfrac{F(t)}{K} + \alpha \cdot G(t) \right] F(t) \\ \dfrac{\mathrm{d}G(t)}{\mathrm{d}t} = r_G \left[1 - \dfrac{G(t)}{K} + \beta \cdot F(t) \right] F(t) \end{cases} \qquad 式(3-4)$$

其中,$F(t)$ 代表第 t 年的海洋经济发展状况;$G(t)$ 代表第 t 年的海洋生态环境整治效果;r_F 和 r_G 代表二者的自然增长率,具体参考唐强荣等(2009)的方法计算;K 为在一定的自然环境、资本、劳动力、技术条件以及市场规模和政策等外在环境因素的影响下海洋经济和海洋生态所能承担的最大环境容量,参考王嵩等(2018)的方法由 PSIR 模型中状态 S 和响应 R 的相关指标计算所得;$1-F(t)/K$ 和 $1-G(t)/K$ 分别代表阻滞因子,即因资源有限性使海洋经济和海洋生态环境发展逐渐放缓的影响因素;α 代表海洋经济发展对海洋生态环境的共生系数;β 代表海洋生态环境对海洋经济发展的共生系数。通过共生系数的取值范围可判别其共生关系,具体见表3-5。

式(3-4)中,海洋经济和海洋生态子系统的发展水平 F 和 G,以及环境容量 K 统称为海洋经济生态共生模型的基本指数。

表 3-5　海洋生态环境与海洋经济共生关系评价

共生关系		α 和 β 取值	释义
反向共生关系	反向对称共生	$\alpha<0,\beta<0,$且 $\alpha=\beta$	二者共同退化
	反向非对称共生	$\alpha<0,\beta<0,$且 $\alpha\neq\beta$	二者受害程度不对等
并生模式		$\alpha=\beta=0$	二者独立发展,不存在共生关系
寄生关系		$\alpha<0,\beta>0$	α 为受害方,β 为受益方
		$\alpha>0,\beta<0$	α 为受益方,β 为受害方
正向偏利共生		$\alpha>0,\beta=0$	α 为受益方,β 为非受益方
		$\alpha=0,\beta>0$	α 为非受益方,β 为受益方
反向偏利共生		$\alpha<0,\beta=0$	α 为受害方,β 为非受害方
		$\alpha=0,\beta<0$	α 为非受害方,β 为受害方
互利共生	正向对称互惠共生	$\alpha>0,\beta>0,$且 $\alpha=\beta$	利益分配对等
	正向非对称互惠共生	$\alpha>0,\beta>0,$且 $\alpha\neq\beta$	二者分到的利益不对等

第三节　综合效果指数评价结果

本节通过海洋生态补偿政策效果综合评价指标体系(表 3-1),以及各指标原始数据和指标权重,求出 2006—2016 年中国沿海地区的海洋经济发展指数、海洋生态环境整治效果指数、海洋社会发展水平指数和海洋生态环境监管能力指数,通过加权求得海洋生态补偿综合效果指数的评价结果,并对其开展测度结果、时间演化、空间演化和影响因素的深度剖析,进而对海洋生态补偿的综合效果进行有效评价。

一、整体结果分析

通过计算,得出 2006—2016 年中国 11 个沿海地区海洋生态补偿综合效果指数,见表 3-6。下面将通过整体层面、分项层面和典型区域层面对测度结果进行具体分析。

表 3-6　中国 11 个沿海地区海洋生态补偿综合效果指数

地区	2006 年	2007 年	2008 年	2009 年	2010 年	2011 年	2012 年	2013 年	2014 年	2015 年	2016 年	均值	排名
天津	50.25	49.86	54.40	58.44	53.40	51.64	54.29	51.84	54.55	52.21	58.06	53.54	4
河北	23.85	41.47	37.94	34.93	35.11	44.94	40.21	35.10	44.13	40.72	36.62	37.73	9
辽宁	37.17	39.29	44.93	45.23	44.05	47.52	46.93	46.06	51.61	51.86	50.79	45.95	7
上海	64.62	56.17	62.17	62.18	55.87	57.8	60.14	54.32	54.84	62.26	61.22	59.24	1
江苏	44.60	54.90	51.70	49.91	54.14	56.84	52.35	48.13	49.56	52.38	48.26	51.16	6
浙江	29.24	27.47	29.25	28.57	22.78	26.87	30.54	25.34	30.77	29.85	42.67	29.40	11
福建	38.56	39.73	39.68	45.99	42.73	44.93	41.53	43.36	49.64	49.99	56.08	44.75	8

续表

地区	2006 年	2007 年	2008 年	2009 年	2010 年	2011 年	2012 年	2013 年	2014 年	2015 年	2016 年	均值	排名
山东	41.94	48.54	54.85	54.33	53.11	56.25	56.82	52.86	60.57	59.95	60.87	54.55	2
广东	39.21	49.22	52.57	55.63	51.71	53.22	59.88	52.90	57.57	59.54	65.29	54.25	3
广西	25.22	38.18	36.47	38.59	39.20	35.74	40.92	37.47	41.02	36.83	38.66	37.12	10
海南	42.70	49.87	50.45	55.04	52.47	54.94	54.35	62.52	51.73	55.98	54.90	53.18	5

通过表 3-6 求得 2006—2016 年中国沿海地区平均海洋生态补偿综合效果指数,绘制图 3-3。从图中可知,中国整体海洋生态补偿综合效果指数不高,平均值为 47.35;虽随时间存在一定的波动,但整体保持较缓的增加趋势。综合来看,整体海洋生态补偿综合效果指数不高,这与海洋生态补偿相关政策发展有关。虽本书把 20 世纪 80 年代开始的生产性增殖放流、21 世纪初实施的海洋渔业减船转产工程、2000 年前后沿海各省相继建设的人工鱼礁等较早的措施纳入海洋生态补偿政策体系,但海洋生态补偿政策在中国具体提出和实施较晚,尤其是 2010 年后才基本进入政策的密集颁布和具体实施阶段,同时考虑到环境类政策存在的时滞性和中国近年来海洋生态环境的严峻形式及突出问题,故总体的海洋生态补偿综合效果指数仍处在较低水平。

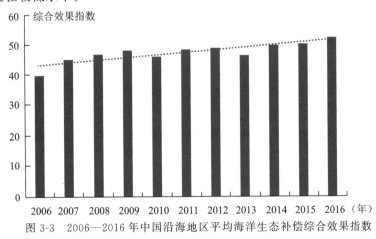

图 3-3　2006—2016 年中国沿海地区平均海洋生态补偿综合效果指数

将 2006—2016 年中国沿海地区的海洋生态环境整治效果、海洋经济协调发展状况、沿海地区社会协调发展水平和海洋生态环境监管能力的平均变化情况进行具体分析(图 3-4),可看出 4 个维度层面总体上略有波动,除沿海地区社会协调发展水平外,均呈缓慢上升的趋势,这也解释了中国海洋生态补偿综合效果发展比较缓慢的原因。

综合来看,海洋经济协调发展状况、海洋生态环境整治效果和海洋生态环境监管能力的测算结果呈缓慢增加趋势,这得益于中国政府在海洋经济方面放弃以发展经济为中心的根本任务,并于 2006 年开始的"十一五"加强对海洋资源环境的保护工作及海洋生态补偿的初期探索;而沿海地区社会协调发展水平的缓慢降低则由涉海就业人数占社会总就业人数比重的不断降低所致。

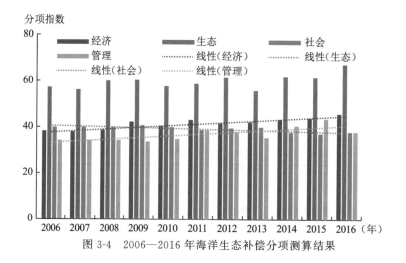

图 3-4　2006—2016 年海洋生态补偿分项测算结果

二、典型区域结果分析

将目前中国海洋管理系统划分的北海(辽宁、天津、河北、山东)、东海(江苏、浙江、上海、福建)、南海(广东、广西、海南)三个海区作为典型区域,计算三个海区各年的海洋生态补偿综合效果指数均值,具体如图 3-5 所示。从图中可以看出,东海区海洋生态补偿综合效果指数起点最高,原因在于上海市海洋生态补偿综合效果指数始终位于前列,并与其他地区保持较大差距,但因上海市综合效果指数随时间明显降低,导致东海区增速最低;南海区起点最低,原因是 2006 年广东省和广西壮族自治区的海洋生态补偿综合效果指数处于较低水平,但受到广东省较高的海洋生态补偿综合效果指数的增加趋势影响,导致南海区增速最高。北海区的海洋生态补偿综合效果指数处在中间水平。以上结果也在一定程度上反映了各行政海区海洋生态补偿政策的综合效果,即南海区实施的海洋生态补偿政策取得较好效果,而东海区仍需全面开展海洋生态补偿工作。

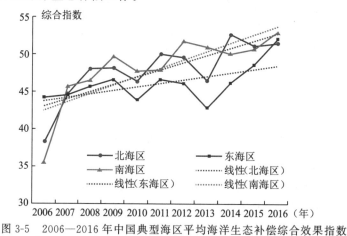

图 3-5　2006—2016 年中国典型海区平均海洋生态补偿综合效果指数

三、时空演化分析

本部分利用核密度(Kernel)估计方法总结海洋生态补偿综合效果指数随时间的动态变化特征,并利用 ArcGIS 10.2 软件中的空间分析技术对 2006—2016 年海洋生态补偿综合效果指数的发展水平进行直观分析,并绘制代表年份的海洋生态补偿综合效果指数空间分布图,进而分析各沿海地区海洋生态补偿综合效果指数的空间演化情况。

1. 时间演化分析

为进一步分析各沿海地区海洋生态补偿综合效果指数的时间演化态势,本书通过 Stata 15 软件对 2006—2016 年中国 11 个沿海地区的海洋生态补偿综合效果指数进行 Kernel 估计,并选取代表性的 2006 年、2010 年、2012 年、2016 年(首末年份加中间年份)绘制 Kernel 曲线(图 3-6),通过各年的比较,总结中国海洋生态补偿综合效果指数随时间的动态变化特征。

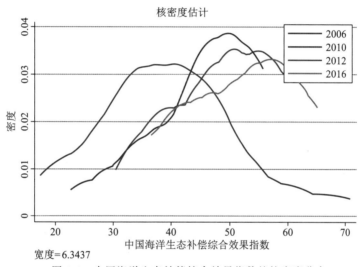

图 3-6　中国海洋生态补偿综合效果指数的核密度分布

从曲线位置来看,2006—2016 年典型年份的密度函数中心具有明显的向右位移态势,说明中国海洋生态补偿综合效果有一定幅度的提升。其中,2006—2010 年相对 2012—2016 年向右位移的幅度较大,反映了 2006—2010 年的海洋生态补偿综合效果比 2012—2016 年显著,主要原因在于 2006—2007 年海洋生态补偿综合效果指数提升较大。

从曲线形状来看,2006 年的波峰较为平缓且呈单峰分布,反映 2006 年中国各沿海地区间海洋生态补偿综合效果指数的差异不大,海洋生态补偿综合效果的发展程度比较集中;2010 年的波峰较为陡峭,说明各沿海地区间的海洋生态补偿综合效果指数差距逐渐扩大;2012 年波峰平缓且呈双峰分布,表明各地区间海洋生态补偿综合效果指数的差异有所缩小,但逐渐呈现两极分化态势,其中左侧峰值对应的核密度数值略小,表明 2012 年海洋生态补偿综合效果指数较低的地区略多于海洋生态补偿综合效果指数较高的地区;2016 年波峰持续变缓并呈单峰分布,说明各地区间的差异进一步缩小,两极分化态势消失。

从曲线峰度来看,2006年的曲线呈宽峰分布,说明中国各沿海地区之间海洋生态补偿综合效果的发展程度比较分散;而2010年的曲线呈尖峰分布,表明海洋生态补偿综合效果的发展程度有所集中,且提升速度较快;2012年的曲线峰度变宽,说明海洋生态补偿综合效果发展程度有所降低,且部分海洋生态补偿综合效果指数较高地区的发展水平降低较快;2016年的曲线峰度变窄并略有降低,反映了海洋生态补偿综合效果发展程度略有降低,但发展程度更为集中。总体来看,2006－2016年中国海洋生态补偿综合效果的水平和发展程度得到显著提升,海洋生态补偿综合效果的发展程度逐渐集中,各地区间的差距有所扩大。

2. 空间演化分析

为研究各地区海洋生态补偿综合效果指数的空间演化的变化,结合表3-6的测算结果,运用ArcGIS 10.2软件中的空间分析技术对不同年份(以2006年、2010年、2012年、2016年为例)海洋生态补偿综合效果指数的发展水平进行直观分析(图3-7),进而得到各沿海地区海洋生态补偿综合效果指数的空间演化情况。

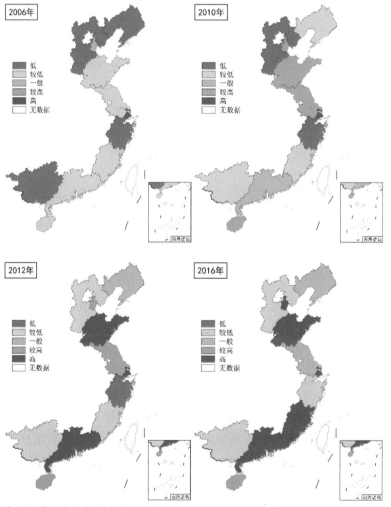

图3-7　中国海洋生态补偿综合效果指数的空间演化(以2006年、2010年、2012年、2016年为例)

从图 3-7 中可以看出,2006—2016 年海洋生态补偿综合效果指数在空间格局上有着较为明显的变化。总体来看,中国海洋大部分地区的综合效果水平保持上升趋势,海洋生态补偿政策的综合效果逐年体现。其中,上海的海洋生态补偿综合效果指数始终保持在高水平;中国海洋生态补偿综合效果高水平地区由 2006 年的 1 个增加到 2016 年的 5 个,低水平地区由 2006 年的 4 个减少到 2016 年的 1 个。广东和山东的海洋生态补偿综合效果指数发展最快,这与两个地区积极探索海洋生态补偿政策实施有直接的关系,如两省在 2011 年开始设立海洋生态补偿试点,山东省还制定了海洋生态补偿方面的管理规定;2012 年江苏省和河北省的海洋生态补偿综合效果发展水平有所上升,但 2016 年海洋生态补偿综合效果发展出现了"瓶颈"期,主要原因在于两省的海洋生态环境恶化,优良海域面积占比分别从 2012 年的 68.8% 和 87.5% 下降到 2016 年的 68.2% 和 76.9%,而劣四类及以上海域则由 0% 上升到了 18.1% 和 23.1%,海水水质的恶化对海洋生态造成严重威胁,并间接影响了海洋经济的发展。其他地区的海洋生态补偿效果综合效果发展水平比较稳定,并得到了一定程度的改善,说明中国海洋生态补偿政策取得良好效果,应继续全面推进海洋生态补偿政策的实施,提升海洋环境管理和监测能力,早日实现海洋经济、生态和社会水平的协调发展。

第四节　综合效果指数影响因素

根据第二节中的设定,利用 Stata 15 软件对海洋生态补偿综合效果指数与其影响因素之间的关系进行基本回归。经过 F 检验、LR 检验和豪斯曼检验,本书适合采用的实证模型为个体随机效应模型。

一、整体结果影响因素分析

整体海洋生态补偿综合效果指数影响因素的个体随机效应模型具体回归结果见表 3-7(模型 1)。模型 1 结果显示,解释变量中的海洋环境治理能力(海洋环境治理投资额)与海洋生态补偿综合效果指数存在一定的正相关关系,且在 10% 的水平上显著,说明海洋环境治理能力的提升可以明显提升海洋生态补偿综合效果指数;节能减排力度(单位 GDP 能耗)与海洋生态补偿综合效果指数存在显著的负相关关系(相关系数 −0.282,根据 t 值判断在 1% 水平上通过显著性检验),说明单位 GDP 能耗的降低对海洋生态补偿综合效果指数有显著的提升作用,加大节能减排力度可以降低海洋经济发展对能源消耗的依赖、减少污染物排放,从而提升海洋生态补偿政策效果;对外开放程度与海洋生态补偿综合效果指数之间不存在线性关系,这也印证了汪慧玲等(2017)关于对外开放程度与环境污染之间的倒"U"型曲线特征;海洋科技水平对海洋生态补偿效果综合指数有着显著的负向影响,海洋科技研发经费投入比例的增加反而降低了海洋生态补偿效果综合指数,说明海洋科技经费未对海洋生态补偿综合效果产生有力推动,体现了现有海洋科技研发经费在海洋生态补偿领域的转化较低,故应重点促进海洋科技研发经费的成果转化;海洋灾害对海洋生态补偿效果综合指数有显著的正向影响,但影响程度较小,说明在目前的海洋灾害防治措施和减灾防灾体制下海洋生态补偿综合效果受到海洋灾害的影响程度较小,但仍不能放松对海洋灾害防灾减灾,应进一步完善健全海洋灾害防灾减灾机制,保障海洋经济、生态环境和沿海地区人民生产生活的健康环境。

二、典型区域影响因素分析

为了解典型区域海洋生态补偿综合效果指数受影响因素的具体作用,选取各个行政海区为研究对象,分别研究各海区海洋生态补偿综合效果指数受影响因素的影响。具体回归结果见表3-7(北海区见模型2、东海区见模型3、南海区见模型4),可得出以下结论。

表 3-7 海洋生态补偿政策效果综合指数影响因素的回归结果

变量	模型 1	模型 2	模型 3	模型 4
海洋环境治理能力 lnmei	0.044 *	0.078 * *	−0.021	−0.036
	(1.900)	(2.196)	(−0.234)	(−0.869)
节能减排力度 lngdpe	−0.282 * * *	−0.290 * * *	−0.473 *	−0.804 * * *
	(−6.445)	(−7.912)	(−1.898)	(−7.738)
对外开放程度 op	0.000 * *	0.000 * * *	0.000 * * *	0.000 *
	(2.210)	(4.836)	(2.988)	(1.926)
海洋科技水平 lnst	−0.026 * * *	0.004	−0.064	−0.102 * * *
	(−2.736)	(0.385)	(−1.048)	(−5.813)
海洋灾害影响 lndam	0.004 * * *	0.009 * * *	−0.014	−0.002
	(2.639)	(3.366)	(−1.325)	(−0.352)
常数项	3.636 * * *	3.441 * * *	3.632 * * *	3.993 * * *
	(31.441)	(29.864)	(7.851)	(23.621)
N	121	44	44	33
With R^2	0.884	0.847	0.900	0.877

注:括号内数值为 t 值;*、* *、* * *分别表示参数估计值在 10%、5%、1%的水平上显著。

北海区海洋生态补偿综合效果指数的影响因素与中国海洋整体的影响因素作用基本一致(除海洋科技水平外),即受到海洋环境治理能力、海洋灾害影响的显著正向作用和节能减排力度的显著负向作用,且未直接受到对外开发程度的线性影响;但以上影响因素的系数相比模型1更大,说明北海区与全国整体相比,受海洋环境治理能力、海洋灾害和节能减排力度的影响更大。与全国层面相比,北海区海洋科技水平与海洋生态补偿效果综合指数呈正相关但不显著,说明北海区应用到海洋生态补偿过程中的科技成果相对较少,不能对海洋生态补偿综合效果起到良好的推动作用,这也成为北海区提升海洋生态补偿综合效果应该关注的重点之一。

东海区海洋生态补偿综合效果指数的影响因素与中国海洋总体的影响因素作用差距最大。对外开发程度的作用与中国总体的影响作用一致;节能减排力度影响的显著性略有下降但系数增加,说明 GDP 能耗的降低对东海区海洋生态补偿综合效果指数的影响更大;海洋科技水平的系数略有增加但不显著,说明其海洋科技研发经费投入与海洋生态补偿综合效果呈负相关,运用到海洋生态补偿过程的科技成果少,盲目增加海洋科技研发经费不能提升海洋生态补偿综合效果;海洋环境治理能力和海洋灾害影响的相关系数呈负值且不显著,说明东海区的海洋环境投资和海洋灾害与海洋生态补偿综合效果指数负相关,东海区的海洋环境投资未能直接提升海洋生态补偿综合效果,应进一步调整海洋环境投资的方向,确保海洋环境投资对海洋生态补偿综合效果起到良好的带动作用,同时应加强海洋灾害防灾减灾,保障海洋生态补偿综合效果不受海洋灾害的影响。

南海区海洋生态补偿综合效果指数受节能减排力度和海洋科技水平的系数相对模型1更大,说明南海区受二者负向作用的影响更大,其他与东海区基本保持一致。需要关注的是,南海区的海洋环境治理投资与海洋生态补偿综合效果指数同样呈负相关,南海区应对海洋环境投资的方向进行深入调研,确保海洋环境投资能推动南海区的海洋生态补偿综合效果的提升。

综上可知,北海区海洋生态补偿综合效果提升的关键在于进一步加大海洋环境治理投资和节能减排力度,东海区和南海区的关键为加大节能减排力度,南海区还应注重促进海洋科技研发经费向海洋生态补偿的成果转化,东海区和南海区还应改善海洋灾害防灾减灾,保障海洋生态补偿综合效果不受海洋灾害的影响。

三、回归结果的稳健性检验

为验证海洋生态补偿综合效果指数与影响因素回归结果是否稳健,在此通过时段处理、样本数据处理、变量替换对回归结果进行稳健性检验(表3-8)。

表 3-8 海洋生态补偿政策效果综合指数影响因素回归结果的稳健性检验

变量	模型 5	模型 6
考察期	2006—2015 年	2006—2013 年
海洋环境治理能力 lnmei	0.046 * (1.897)	0.074 * * (2.506)
节能减排力度 lngdpe	−0.261 * * * (−4.847)	−0.150 * * * (−1.963)
对外开放程度 op	0.000 * * (2.463)	0.000 * * * (2.905)
海洋科技水平 lnst	−0.025 * * * (−3.539)	−0.025 * * * (−2.880)
海洋灾害影响 lndam	0.005 * * * (2.891)	0.007 * * (1.967)
常数项	3.618 * * * (31.921)	3.555 * * * (24.284)
N	110	88
With R²	0.902	0.893

注:括号内数值为 t 值;* 、* * 、* * * 分别表示参数估计值在 10% 、5% 、1% 的水平上显著。

（1）更换考察期。如表3-8中模型5和模型6所示，将考察期更换为2006—2015年和2006—2013年，回归结果与表3-7模型1结果进行比较。模型5和模型6的回归结果中各影响因素的相关关系和显著性检验结果并未发生改变，证明结果的稳健性。

（2）缩减样本数据。从表3-7中模型1、2、3、4的结果对比可知，在对样本数据进行分组缩减后，影响因素的回归结果并未与原实证结果产生较大差异，虽出现了部分影响因素的回归系数变动和显著关系变动，但未出现相关关系显著逆转的结果，故缩减样本数据并未对回归结果产生显著影响，证明回归结果具有稳健性。

第五节　海洋生态和海洋经济关系综合考察

海洋生态和海洋经济的协调是海洋生态补偿的首要目标，本节基于海洋生态补偿视角对海洋生态环境和海洋经济进行综合考察，实证分析了2006—2016年中国11个沿海地区的海洋生态和海洋经济的耦合关系、脱钩关系和共生关系，探讨了中国沿海地区海洋生态与海洋经济的内在联动机制，进一步揭示中国海洋生态-海洋经济系统的运行规律，对沿海地区现有规律产生更加深刻的认识，从侧面反映出海洋生态补偿政策的综合效果。

基于第二节中相关方法对中国沿海地区的平均的海洋生态与海洋经济的耦合关系、脱钩关系和共生关系相关系数进行测算，得到2006—2016年整体层面的海洋生态与海洋经济的耦合协调程度（表3-9）、海洋环境压力与海洋生产总值的脱钩指数（图3-8）和海洋生态与海洋经济的共生系数（图3-9），各年度脱钩状态和共生状态综合情况见表3-10。

表3-9　2006—2016年中国海洋生态环境与海洋经济耦合协调程度

时间（年）	$F(x)$	$G(x)$	$F(x)/G(x)$	耦合度	耦合协调度	耦合阶段	耦合协调等级与发展类型
2006	0.574	0.384	1.493	0.980	0.685	高水平耦合	初级协调发展海洋经济滞后型
2007	0.561	0.380	1.479	0.981	0.679	高水平耦合	初级协调发展海洋经济滞后型
2008	0.599	0.388	1.544	0.977	0.694	高水平耦合	初级协调发展海洋经济滞后型
2009	0.605	0.423	1.432	0.984	0.711	高水平耦合	中级协调发展海洋经济主导型
2010	0.577	0.389	1.482	0.981	0.688	高水平耦合	初级协调发展海洋经济滞后型
2011	0.589	0.433	1.361	0.988	0.710	高水平耦合	中级协调发展海洋经济主导型
2012	0.616	0.419	1.469	0.982	0.713	高水平耦合	中级协调发展海洋经济主导型
2013	0.560	0.421	1.330	0.990	0.697	高水平耦合	初级协调发展海洋经济滞后型
2014	0.620	0.434	1.428	0.984	0.720	高水平耦合	中级协调发展海洋经济主导型
2015	0.615	0.441	1.396	0.986	0.722	高水平耦合	中级协调发展海洋经济主导型
2016	0.672	0.456	1.473	0.982	0.744	高水平耦合	中级协调发展海洋经济主导型

一、总体耦合关系评价

从表3-9可知,2006—2016年中国的海洋生态指数和海洋经济指数的发展趋势基本保持一致,均表现出较强的波动上升态势,说明海洋经济与海洋生态均得到显著提升;海洋生态与海洋经济的耦合均处在高水平耦合阶段,海洋生态与海洋经济耦合状态良好;耦合协调度随时间得到显著提升,耦合协调等级与发展类型逐渐从初级协调发展海洋经济滞后型发展到中级协调发展海洋经济主导型,海洋生态与海洋经济表现出较好的协调状态。

二、总体脱钩关系评价

从图3-8得出,2006—2016年中国整体的海洋生态与海洋经济的脱钩指数虽表现出较强的波动性,但呈现出一定的缩小趋势,说明中国海洋生态与海洋经济的脱钩情况得到一定改善。从表3-10中可知,脱钩状态逐步由2006年的强脱钩状态转变为2016年的扩张负脱钩状态,但受多种因素影响变化较大。脱钩关系受到海洋经济发展增速放缓的影响,各地区海洋经济的平均增长率从2006年的20.5%跌落到2009年的8.84%,2010年各地区海洋经济呈现恢复性反弹并上升为22.87%,2011年开始回落,2016年仅为4.95%;脱钩关系同时还受到海洋生态环境逐渐恢复的作用,这一时期的近岸优良水质海域面积的增加、浮游植物多样性的提升、直排入海COD的减少是导致海洋生态环境变好的主要原因。海洋经济增速的波动放缓和海洋生态的恢复致使整体的海洋生态与海洋经济脱钩指数波动缩小。

表3-10 2006—2016年中国海洋生态与海洋经济脱钩状态和共生状态

时间(年)	2006—2007	2007—2008	2008—2009	2009—2010	2010—2011
脱钩状态	强脱钩	弱脱钩	弱脱钩	强脱钩	弱脱钩
共生状态	寄生关系 海洋经济受益 海洋生态受害	寄生关系 海洋生态受益 海洋经济受害	寄生关系 海洋生态受益 海洋经济受害	寄生关系 海洋生态受益 海洋经济受害	寄生关系 海洋生态受益 海洋经济受害
时间(年)	2011—2012	2012—2013	2013—2014	2014—2015	2015—2016
脱钩状态	弱脱钩	强脱钩	增长连接	强脱钩	扩张负脱钩
共生状态	正向非对称 互惠共生	反向非对称 共生	寄生关系 海洋生态受益 海洋经济受害	反向非对称 共生	寄生关系 海洋生态受益 海洋经济受害

三、总体共生关系评价

从图3-9和表3-10可以看出,大多数年份中国整体海洋生态和海洋经济呈寄生关系,且大多处于海洋经济受害、海洋生态受益的状态,即海洋经济为海洋生态提供发展所需的动力和支持,表明整体海洋生态的改善未摆脱海洋经济的限制,并严重依赖于海洋经济的发展。但需要说明的是,受制于统计数据容量较少和统计时间较短,本结果相对中国整体海洋经济

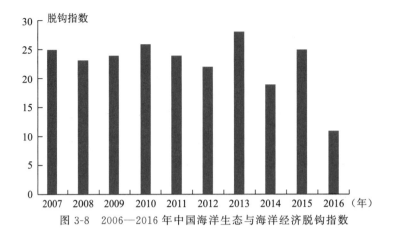

图 3-8　2006—2016 年中国海洋生态与海洋经济脱钩指数

和海洋生态发展的情况来说为小样本,此测度结果中二者共生系数的变化尚不具有规律性,但共生系数表现出的明显集聚特征足以反映统计期内海洋经济和海洋生态的状况,故下文关于共生关系将重点测度统计时间内共生状态的分析,而避免变化趋势的分析。

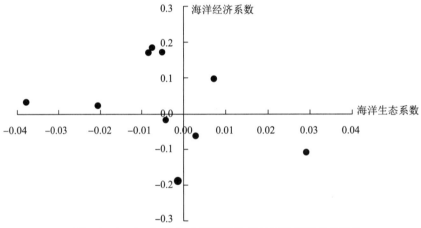

图 3-9　2006—2016 年中国海洋生态与海洋经济共生系数

四、分区综合关系评价

总体来看,2006—2016 年中国整体海洋生态-海洋经济均处在高水平耦合阶段,耦合协调性向中级协调发展海洋经济主导型过渡;脱钩指数受海洋经济阶段性放缓和海洋生态恢复的影响有所降低,但波动性较强;海洋生态-海洋经济呈寄生关系,且多处于海洋经济受害、海洋生态受益的状态,整体海洋生态环境的改善未摆脱海洋经济水平的限制,并严重依赖于海洋经济的发展。

根据上文计算,得出 2006—2016 年中国沿海 11 个地区海洋生态-海洋经济指标的测算结果,分别将其从大到小排列,按海洋经济排名前三位划为“强”区,排名后三位划为“弱”区,排名在中间的五位划为“中”区;同理按海洋生态划分为“优、中、劣”三区,由此可得到具有海洋生态-海洋经济特征的综合考察结果,见表 3-11。

表 3-11 中国沿海地区海洋生态-海洋经济视角考察结果

地区名称	天津	河北	辽宁	上海	江苏	浙江	福建	山东	广东	广西	海南
海洋经济	强	弱	中	强	弱	中	中	强	中	弱	中
海洋生态	中	中	中	劣	优	劣	劣	中	中	优	优
海洋经济-海洋生态综合考察	强-中	弱-中	中-中	强-劣	弱-优	中-劣	中-劣	强-中	中-中	弱-优	中-优

据此,形成 9 个海洋生态-海洋经济综合考察区,具体见图 3-10。在 9 个考察区中,强-优区 C、弱-劣区 G 目前均处于空白状态,说明中国目前未有海洋经济和海洋生态两者兼顾并发展良好,或者海洋经济较弱同时海洋生态水平恶劣的地区。从海洋经济-海洋生态综合视角来看,中国沿海地区的综合考察情况大致可分为三种类型,即海洋经济和海洋生态都存在优势型、海洋经济具有优势海洋生态较差型、海洋生态具有优势海洋经济较差型。

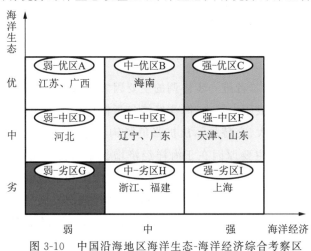

图 3-10 中国沿海地区海洋生态-海洋经济综合考察区

1. 海洋经济和海洋生态都存在优势型

此类型包括海南(中-优区 B)、辽宁和广东(中-中区 E)、天津和山东(强-中区 F)。这 5 个沿海地区的耦合关系、脱钩关系和共生关系的测度结果见图 3-11 以及附表 1~附表 4。

海南海洋生态和海洋经济的耦合关系表现良好,均处在高水平耦合状态,并逐步从中级协调发展向良好协调发展阶段迈进,其中海洋经济起到主导作用,说明海南海洋经济和海洋生态的耦合协调性较好。这是因为海南具有中国最优的海洋生态,其近岸海域水质常年保持优良,奠定了良好的海洋生态基础;海南海洋第三产业和海洋经济在国民经济中所占比重较高,但海南海洋经济总量较低,海洋经济发展仍有很大的发展空间和潜力,并对海洋生态产生较强的影响,如污水排放总量逐年增加,将对其海洋生态造成潜在威胁。脱钩指数相对比较稳定,基本处在弱脱钩和强脱钩状态,说明海洋经济增长和海洋生态矛盾缓和,协调性较好;共生关系多呈现海洋生态受益、海洋经济受害的寄生关系,这与海南在全国范围内首先提出建设生态省并始终按照"生态立省""绿色崛起"思路建设生态岛的发展战略密切相关,说明海南的海洋生态保护效果显著,但对海洋经济发展造成一定限制。

辽宁海洋生态同海洋经济的耦合关系表现良好,均处在高水平耦合状态,耦合协调等级与发展类型均呈现初级协调发展的海洋经济滞后型,说明其海洋生态与海洋经济基本协调,

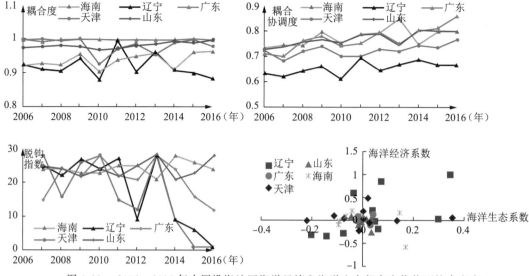

图 3-11 2006—2016 年中国沿海地区海洋经济和海洋生态都存在优势型综合考察

海洋经济的发展滞后是制约二者进一步协调的主要因素。这是因为辽宁海洋第三产业比重相对较低,海洋产业结构升级压力较大,海洋经济各指标均处在中等偏下的水平。脱钩指数在 2011 年以后变化幅度较大,交替显示出扩张负脱钩状态,表明辽宁海洋经济与海洋生态尚未进入稳定协调发展期,主要原因在于海洋经济增长率的持续走低,2015—2016 年甚至出现了负增长。共生系数分布较为分散,多出现在第一象限和第三象限,分别表现出正向非对称互惠共生和反向非对称共生模式,海洋生态和海洋经济的发展呈现一定的竞争态势,并主要受到海洋生态状况的影响;辽宁的生物多样性不断下降,海洋生态保护任务日益繁重,需加强海洋生态的保护和污染防治。

广东始终处在海洋生态和海洋经济的高水平耦合状态,海洋经济和海洋生态耦合最好,且实现了从中级协调发展同步型向良好协调发展同步型的平稳过渡,这得益于广东较高的海洋经济发展基础,以及其对海洋经济增长和海洋生态之间可持续发展的积极探索。脱钩指数表现出较强的波动性并略有降低,表明海洋经济发展与海洋环境污染矛盾不断出现,主要与逐渐增大的工业废水和 COD 等污染物排放相关,近岸海域污染防治任务日益艰巨。共生系数表现出较强的聚集性,多位于原点附近,并呈现一定的共生模式,其发展重点是在保障海洋生态健康发展的条件下,充分发挥已有的海洋经济优势和特色。

天津海洋生态同海洋经济均处在高水平耦合状态,耦合协调等级与发展类型由中级协调发展同步型向海洋生态主导型转变。虽然海洋经济和海洋生态耦合关系较好,但其近年来脱钩指数变化幅度很大,交替呈现出扩张负脱钩状态,并由强脱钩过渡至强负脱钩状态,主要原因在于天津的海洋生态状态逐步恶化,其劣四类海水水质平均占比超过 60%,海洋生态系统长期处于亚健康状态,生态安全存在潜在风险,严重制约了海洋经济和海洋生态的可持续发展。海洋生态同海洋经济的共生系数多集中在横轴附近,呈现较强的偏利共生特征,表现较强的相互竞争态势。

山东海洋生态同海洋经济均处在高水平耦合状态,并实现了从中级协调发展海洋经济主导型向良好协调发展海洋经济主导型的平稳过渡,说明山东海洋经济和海洋环境的协调性良好,这与其处在全国前列海洋经济总量和常年保持优良的海水水质密切相关,也在一定程度上说明山东率先开展海洋生态补偿实践的有效性。脱钩指数较高且稳定,一直处在良好的强脱钩或弱脱钩状态,说明海洋经济增长和海洋生态环境矛盾缓和,在海洋经济高速增长的同时保持了良好的海洋环境和健康稳定的海洋生态多样性。共生系数表现出较强的聚集性,多位于原点附近,并呈现一定的共生模式,其发展重点是充分发展海洋经济主导作用,在稳定海洋经济增长的同时逐步调整产业结构。

综上可知,此类地区均保持了海洋生态同海洋经济的高水平耦合,并基本实现了海洋经济与海洋生态协调发展,脱钩指数基本保持在较高水平,并呈现一定的共生特征。各地区应保持海洋经济发展与优良海洋生态的优势,在为海洋经济发展提供强劲的动力支持的同时保障海洋生态的健康和稳定。

2. 海洋经济具有优势海洋生态较差型

此类型包括上海(强-劣区I)、浙江和福建(中-劣区H)。这3个沿海地区的海洋生态与海洋经济的耦合关系、脱钩关系和共生关系的测度结果见图3-12以及附表1~附表4。

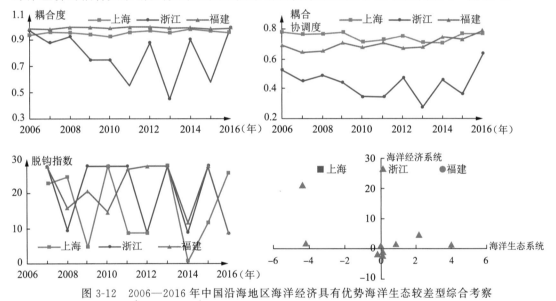

图3-12　2006—2016年中国沿海地区海洋经济具有优势海洋生态较差型综合考察

上海海洋生态同海洋经济均处在高水平耦合状态,并始终处于中级协调发展海洋生态主导型,这与其全国首位的海洋经济发展水平和较高的海洋产业结构密切相关,但同时也表明海洋生态状况已经在很大程度上限制了其海洋经济的发展;进一步表现为上海近年来不仅脱钩指数变化幅度和波动较大,还交替呈现出弱负脱钩和强负脱钩状态,主要原因在于上海海洋经济增长率最低,海洋生态也处在最差水平,极差的水质为海洋生态带来巨大的压力,并导致海洋生态安全存在极大风险,同时使海洋生态与海洋经济之间存在巨大的矛盾。共生系数多处在反向偏利共生海洋经济受害状态,进一步证实了海洋经济发展已受到海洋生态环境水平的严重制约,上海应将发展重点转向大力改善和保护海洋生态环境,尽快实现海洋经济的加速增长。

浙江海洋生态同海洋经济的耦合状态波动较大,交替呈现磨合阶段,甚至出现拮抗阶段,说明浙江海洋生态同海洋经济的耦合水平不稳定。耦合协调度与耦合度呈现相同的波动且保持相同趋势,耦合协调等级与发展类型多处在中度失调衰退海洋生态损益型,并多次出现严重失调衰退海洋生态损益状态,原因在于浙江海洋生态环境较差,近岸海湾海水质量极差、海洋生物多样性遭到破坏、陆源污染物入海量位于全国首位。脱钩指数变化幅度及波动较大,交替呈现出扩张负脱钩状态;浙江海洋生态环境与海洋经济增长的矛盾突出、协调性不高,并受近岸优良海域面积与浮游植物多样性指数的影响,导致变化较大。海洋生态同海洋经济共生系数极为分散,并多处于寄生关系,海洋经济和海洋生态交替出现受益,表明海洋生态的改善和海洋经济水平的提升相互限制,并未达到稳定的和谐共生状态。

福建海洋生态同海洋经济均处在高水平耦合状态,并由初级协调发展海洋生态滞后型至中级协调发展海洋生态主导型,最后实现海洋生态同海洋经济的中级同步协调发展;表明福建海洋生态与海洋经济发展协调性较好,主要得益于其在保持较大的海洋经济总量和较高的海洋经济增长率的同时,实现了海水水质的逐年好转。脱钩指数存在一定波动,交替呈现出扩张负脱钩状态,说明福建海洋生态环境与海洋经济增长存在矛盾,主要原因在于海水水质和浮游植物多样性指数的变化。海洋生态同海洋经济的共生系数较为集中,多处在原点附近,并呈现一定的寄生状态,说明福建海洋生态环境改善与海洋经济发展相互依存,应继续保持海洋经济和海洋生态的可持续发展。

综合来看,此类地区海洋生态与海洋经济的耦合水平相对较高,脱钩状态相对较低且呈现较强的波动性,海洋经济发展与海洋生态环境保护存在较大的矛盾,共生关系呈现一定的寄生或反向偏利共生特征。鉴于这类典型区域的海洋生态已面临严重污染,限制了海洋经济的可持续性,各地区应加强和改善海洋生态的管理,实现海洋经济发展与海洋生态保护的平衡和协调,在为海洋经济发展提供强劲的动力支持的同时保障海洋生态的健康和稳定。

3. 海洋生态具有优势海洋经济较差型

此类型包括江苏和广西(弱-优区 A)、河北(弱-中区 D)。这 3 个沿海地区的海洋生态和海洋经济的耦合关系、脱钩关系和共生关系的测度结果见图 3-13 及附表 1～附表 4。

江苏海洋生态同海洋经济均处在高水平耦合状态,耦合协调等级与发展类型多处在初级协调发展海洋经济滞后状态,说明海洋生态和海洋经济协调性保持稳定,海洋经济系统发展滞后于海洋生态;这主要受益于江苏良好的海洋生态,管辖海域水质状况稳中向好,劣四类水质得到明显改善,近海及近岸湿地面积全国领先,陆源排放污水总量全国最低,海域环境综合潜在生态风险较低,海洋生物多样性基本保持稳定等。脱钩指数较高且稳定,基本处在良好的强脱钩或弱脱钩的状态,说明海洋经济增长和海洋生态环境矛盾缓和,主要原因在于江苏在保持海洋生态环境的同时表现出良好的海洋经济发展势头(海洋经济增长率全国最高),其中 2014—2015 年呈扩张负脱钩状态的原因在于海洋经济增长率由 4.2% 跃升至 14.6%。海洋生态同海洋经济发展的共生系数多处在第三象限,表现出较强的反向非对称共生状态,即海洋经济与海洋生态呈现出明显的互竞关系,主要产生以下影响:增加生态环境保护投入只能改善海洋生态环境状况,而不会通过联动效应提升海洋经济发展;加大海洋经济发展投入只能提升海洋经济发展水平,而不会带动海洋生态环境改善;但将生产要素投

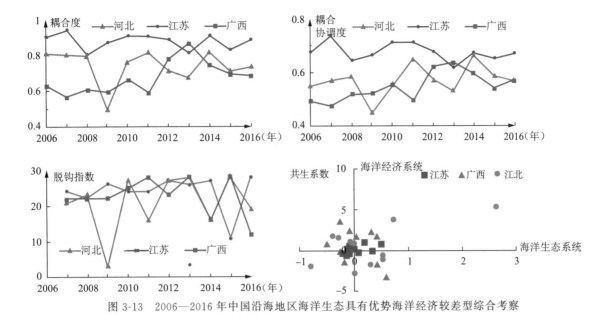

图 3-13 2006—2016 年中国沿海地区海洋生态具有优势海洋经济较差型综合考察

入海洋经济发展则会对海洋生态环境造成破坏,将生产要素投入海洋生态环境修复将会抑制或减缓海洋经济的发展。

广西海洋生态同海洋经济均处在磨合阶段,说明海洋生态与海洋经济发展处于探索阶段,主要原因在于广西的海洋经济基础薄弱,其海洋经济总量、人均海洋生产总值、海洋经济占地区国民经济比重均处在全国最差水平,第三产业占比也位于中下,较低的海洋经济发展水平使其与海洋生态环境始终处于磨合时期。耦合协调等级与发展类型多处在中度失调衰退海洋经济损益型和轻度失调发展海洋经济滞后型,说明其海洋经济发展滞后于海洋生态环境。脱钩指数较高且后期略有波动,但基本处在良好的强脱钩或弱脱钩状态,说明海洋经济增长和海洋生态环境矛盾缓和,主要得益于较高的海洋经济增长率,广西健康的海洋生态环境给海洋经济发展带来了更多的支持。共生系数较为分散,没有明显的共生特征,表现出寄生关系和共生关系,但海洋生态环境和海洋经济之间呈现相互促进、相互制约的状态,其内在原因为广西所辖海域面积较小,海洋生态环境和海洋经济受自身陆域经济和生态环境的影响较大。广西应在保护海洋生态环境稳定健康的同时重视海洋经济发展,不断提升自身的海洋经济水平。

河北海洋生态同海洋经济从高水平耦合状态转变为磨合阶段。耦合协调等级与发展类型虽略有波动,但多处在轻度失调发展海洋经济滞后阶段,主要原因在于河北海洋经济薄弱,海洋经济增长率也处在末位。脱钩指数多处在强脱钩和弱脱钩状态,但波动性较强,并交替呈现出强负脱钩和衰退脱钩状态,说明海洋生态环境与海洋经济增长之间存在一定的矛盾,主要原因在于海洋经济增长率的波动。共生系数多处在第二和第四象限,呈寄生关系,并由海洋生态受益、海洋经济受害转变为海洋经济受益、海洋生态受害,说明前期海洋经济发展受到海洋生态制约,后期海洋生态的改善未摆脱海洋经济的限制,并严重依赖于海洋经济的发展。河北应在大力推行海洋生态补偿政策的同时加大对海洋经济的投入,争取达到海洋经济的快速增长和海洋产业的结构升级。

综合来看,此类地区海洋生态与海洋经济的耦合水平相对较低,脱钩状态相对较高并表现一定的波动,共生系数最为分散,共生关系不突出。以上3个沿海地区的海洋生态环境健康稳定,但海洋经济仍需促进和完善,未来的发展方向是加大海洋经济发展投入和海洋产业升级,以良好的生态环境促进海洋经济增长,走绿色、低碳、高效、循环发展之路,早日实现海洋经济和海洋生态环境的协调、可持续、高质量发展。

结合不同类型地区海洋生态与海洋经济关系的相关特征,可得出以下规律:

(1)耦合关系:海洋经济和海洋生态都存在优势型＞海洋经济具有优势海洋生态较差型＞海洋生态具有优势海洋经济较差型;

(2)脱钩关系波动程度:海洋经济和海洋生态都存在优势型＞海洋生态具有优势海洋经济较差型＞海洋经济具有优势海洋生态较差型;

(3)共生系数分散程度:海洋经济和海洋生态都存在优势型＜海洋经济具有优势海洋生态较差型＜海洋生态具有优势海洋经济较差型。

第六节　本章小结

本章通过生态公平理论和PSIR模型建立了海洋生态补偿综合效果评价指标体系,对2006—2016年中国海洋生态补偿效果综合指数进行具体分析,并分析其影响因素,最后基于海洋生态补偿视角对海洋生态和海洋经济的耦合关系、脱钩关系和共生关系进行综合考察,得出以下结论。

(1)整体来看,2006—2016年中国沿海地区平均海洋生态补偿综合效果指数平均值为47.35,随时间存在一定的波动,整体保持较缓的增加趋势;4个分项中除沿海地区社会协调发展水平略有降低外,其他均呈缓慢上升的趋势;各典型区域中,东海区海洋生态补偿综合效果指数起点最高但增速最低,南海区起点最低但增速最高,北海区起点和增速均处在中间水平。从时间演化角度来看,2006—2016年中国海洋生态补偿综合效果的水平和发展程度得到显著提升,海洋生态补偿综合效果的发展程度逐渐集中,各地区间的差距有所扩大;从空间演化角度来看,大部分地区的综合效果水平保持上升趋势,海洋生态补偿政策的综合效果逐年体现。

(2)中国海洋生态补偿综合效果指数主要受到海洋环境治理能力和海洋灾害经济损失的正向显著影响,同时受到节能减排力度和海洋科技水平的负向显著影响,与对外开放程度之间不存在线性关系。北海区海洋生态补偿综合效果提升的关键在于进一步加大海洋环境治理投资和节能减排力度;东海区和南海区的关键为加大节能减排力度;南海区还应注重促进海洋科技研发经费向海洋生态补偿的成果转化;东海区和南海区应改善海洋灾害防灾减灾,避免海洋生态补偿综合效果受到海洋灾害的影响。以上结果均通过了稳健性检验。

(3)总体来看,2006—2016年中国整体海洋生态-海洋经济均处在高水平耦合阶段,耦合协调性向中级协调发展海洋经济主导型过渡;脱钩指数在海洋经济阶段性放缓和海洋生态恢复的作用下有所缩小,但波动性较强;海洋生态-海洋经济呈寄生关系,且多处于海洋经济受害、海洋生态受益的状态,整体海洋生态的改善未摆脱海洋经济水平的限制,并严重依赖于海洋经济的发展。从海洋经济-海洋生态综合视角来看,沿海地区可分为 3 种类型,即海洋经济和海洋生态都存在优势型、海洋经济具有优势海洋生态较差型、海洋生态具有优势海洋经济较差型。

(4) 海洋经济和海洋生态都存在优势型地区均保持了海洋生态同海洋经济的高水平耦合,并基本实现了海洋经济与海洋生态协调发展,脱钩指数基本保持在较高水平,共生系数最为集中并呈现一定的共生特征;海洋经济具有优势海洋生态较差型地区海洋生态与海洋经济的耦合水平相对较高,脱钩状态相对较低并呈现较强的波动性,海洋经济发展与海洋生态环境保护存在较大的矛盾,共生关系呈现一定的寄生或反向偏利共生特征;海洋生态具有优势海洋经济较差型地区海洋生态与海洋经济的耦合水平相对较低,脱钩状态相对较高并表现一定的波动性,共生系数最为分散,共生关系相对不突出。

第四章 海洋生态补偿效率评价

第一节 研究机理

效率评价是政策效果评估的重要组成部分,但进行效率评价需明确效率和政策效果的关系:效率和效果有着不同的含义和内容,效率是一种投入产出关系,而效果是相对于目标而言的。海洋生态补偿效率与海洋生态补偿政策效果的研究内容和研究方法存在差异,海洋生态补偿效率是否能表征海洋生态补偿的政策效果? 本章将通过以下三个方面来证明海洋生态补偿效率与海洋生态补偿政策效果之间的关系。

(1)本章的海洋生态补偿效率是指从海洋生态环境与海洋经济协调发展的角度出发,选取适当的投入产出指标,运用合适的 DEA 模型计算各沿海地区(决策单元)间的相对有效性,测算得到相对有效率地区(DEA=1,超效率模型为 DEA≥1)和无效率地区(DEA<1),进而识别出相对无效率地区,并分析其无效率的严重性,最后通过对比分析提出提高其效率的具体措施。海洋生态补偿效率计算的目的是识别各地区的相对有效性,故海洋生态补偿效率的高低可直观反映海洋生态补偿政策的相对有效程度。

(2)从上文分析可知,海洋生态补偿政策实施的目的在于使海洋资源和海洋环境保持可持续地开发和利用,使海洋经济发展与海洋生态保护达到平衡和协调,海洋生态补偿的政策效果可通过海洋生态和海洋经济的协调程度来体现。参考生态效率相关研究,在此可将海洋生态补偿效率的核心思想定义为以最少的海洋资源损耗和海洋环境污染成本生产最大的海洋产品和服务价值,这与海洋生态补偿确立的协调海洋经济和海洋生态的目标不谋而合。

(3)海洋生态补偿是指通过运用政府和市场的手段建立起来的,以经济手段为主,通过制定利益相关者之间的环境利益、经济利益及社会利益关系的相关制度,来保持海洋生态环境的健康和海洋生态系统服务的可持续利用,实现社会的和谐发展。中国的生态补偿机制主要由中央和各级地方政府主导,这与西方国家实施的政府和市场相结合的生态补偿机制有着本质的差异,且绝大多数的生态补偿资金由中央拨款或各级地方政府的财政拨款。因此,在有限的资金、资源和劳动力的投入下的海洋经济和海洋环境的产出效率实现了提升,就意味着海洋生态补偿效果的实现。

综上可知,海洋生态补偿效率可反映海洋生态补偿政策效果,本书通过研究海洋生态补偿效率来分析海洋生态补偿政策效果的方法是行之有效的。

通过前文分析可知,目前国内外尚未开展海洋生态补偿效率的相关研究,本书将主要参考生态效率、海洋经济效率、海洋经济绿色效率和海洋生态效率的相关研究经验,对海洋生态效率进行有效的测度和分析,同时借鉴国内外海洋生态补偿的相关研究成果,从海洋生态与海洋经济协调发展的角度出发,测算海洋生态补偿的效率。扩展到投入产出角度,海洋生态补偿的投入应包含海洋补偿资金、海洋资源和劳动力三方面,产出应包括促进海洋经济发展的期望产出和海洋生态改善的非期望产出(图4-1)。

本书选取中国11个沿海地区(省、直辖市、自治区,不含港澳台,下文同)为研究对象,首先运用考虑非期望产出的超效率SBM模型对中国沿海11个地区的海洋生态补偿效率进行测度,从总体特征、变化趋势和区域差异的角度总结其总体分布特征,并进一步结合变化趋势视角、有效性视角和海区区划视角分析海洋生态补偿效率的省际差异,同时通过Tobit模型对其影响因素进行逐一分析,挖掘海洋生态补偿效率的显著推动和制约因素;其次,为了解海洋生态补偿效率的增长余值构成及其动态变化趋势,采用Malmquist指数测算全要素生产率与海洋生态补偿效率的动态变动关系;最后,利用标准差椭圆(SDE)方法测算海洋生态补偿效率的重心移动、分布形态、长短轴变化和空间方位角的变化来表征其空间转移特征,并运用灰色动态模型对其空间分布的发展趋势进行预测。

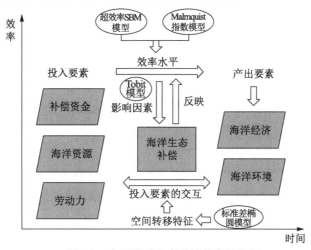

图 4-1 中国海洋生态补偿效率示意图

第二节 模型设计

因为海洋生态补偿的效率变化能直观反映政策效果,本书将对海洋生态补偿效率模型进行具体设计。

一、变量选择和指标设计

海洋生态补偿效率的测算需要选取合适的投入指标和产出指标。按照图4-1的思路,在投入指标方面,海洋生态补偿相关的资金制度包括海域使用金、海洋排污费、海洋倾废费、海洋生态损害赔偿金、海洋生态损失补偿金和海洋生态保护补偿金,鉴于除海域使用金外,其他的海洋生态补偿资金数据较难获得,且考虑到海洋生态补偿政策的导向作用和中国固定资产投资偏好的实际国情,海洋生态保护、损害和损失的相关补偿资金将向有利于海洋生态环境修复和改善的方向流动,并将主要应用于海洋环境治理投资、海洋开发活动的基本建设改造和设备升级(海洋固定资产更新、改建、扩建、新建等活动即为海洋固定资产投资)。因此,本书选取海洋环境污染治理投资额(海洋生产总值和环境污染治理投资占国民生产总值的比重的乘积)和海洋固定资产投资(具体计算方法见下文)代表海洋生态补偿资金投入的指标;海洋资源投入选用累计海域确权使用面积;劳动力投入选用涉海从业人员数量。产出方面用人均海洋生产总值反映海洋生态补偿期望的经济产出,用沿海地带工业废水排放量和污染海域面积反映非期望的海洋环境产出,分别用于反映沿海省、市的海洋经济发展状况和环境治理状况。具体指标体系见表4-1。

表 4-1 海洋生态补偿效率评价指标体系

指标类型	指标类别	指标名称	指标单位
投入指标	补偿资本类	海洋固定资产投资	万元
		海洋环境污染治理投资额	万元
	海洋资源类	累计海域确权使用面积	公顷
	人力投入	涉海从业人员数量	万人
产出指标	经济发展类(期望产出)	人均海洋生产总值	元
	环境治理类(非期望产出)	沿海地带工业废水排放量	万吨
		污染海域面积	公顷

由于海洋固定资产投资难以界定,本书选取海洋固定资本存量来代表海洋固定资产投资。具体计算参考胡晓珍的估计方法,用各地区的资本存量来折算海洋固定资本存量,具体公式如下:

$$Q_{i,t} = \alpha \times K_{i,t} \qquad\qquad 式(4-1)$$

其中,$Q_{i,t}$和$K_{i,t}$分别为第t期第i个地区的海洋固定资本存量和资本存量;α为地区海洋生产总值与地区生产总值的比值。

在资本存量方面,本书按照张军等(2004)的估计方法,初始资本存量采用Young(2000)的估计方法,用基年固定资本形成总额除以10%计算得到,以2000年的沿海地区的资本存量数据作为基年资本存量,在基准年资本存量基础上,利用永续盘存法估算出各省、市、区各年度资本存量,其计算方法为

$$K_{i,t} = K_{i,t-1}(1-\delta) + I_{i,t}/P_{i,t} \qquad\qquad 式(4-2)$$

其中,$K_{i,t}$和$K_{i,t-1}$分别为第t和$t-1$期第i个地区的资本存量;δ为资本折旧率(取值为9.6%);$I_{i,t}$和$P_{i,t}$分别为第t期第i个地区的当年固定资本投资总额和固定资产投资价格指数。

二、数据来源和检验处理

本书选取中国 11 个沿海地区,原始数据主要来源于 2006—2017 年的《中国环境年鉴》《中国海洋统计年鉴》《中国统计年鉴》、各沿海地区统计年鉴、中国近岸海域环境质量公报、相关海区的海洋环境质量公报以及各地区的海洋环境状况公报等,部分指标数据是根据年鉴数据进行综合处理所得。

三、模型设定和评价方法

本书拟对 2006—2016 年中国 11 个沿海地区的海洋生态补偿效率开展评价和分析。参考海洋经济效率、海洋经济绿色效率和海洋生态效率的相关研究经验,运用考虑非期望产出的超效率 SBM 模型对中国沿海 11 个地区的海洋生态补偿效率进行测度,并通过 Tobit 模型对其影响因素进行分析,采用 Malmquist 指数测算全要素生产率与海洋生态补偿效率的动态变动关系,并利用标准差椭圆(SDE)方法研究其空间转移特征,最后运用灰色动态模型对其空间分布的发展趋势进行预测。具体模型设定方法如下。

1. 基于非期望产出的超效率 SBM-DEA 模型

数据包络分析方法(DEA)是美国学者 A. Charnes 和 W. W. Cooper 等人于 1978 年提出的评价效率的重要非参数方法,在不断发展和应用中产生了不同类型的模型(CCR、BCC、SBM、FG、CCW 等),因海洋生态补偿效率需同时考虑海洋经济和海洋生态的影响,结合海洋生态产出的非期望性,有效决策单元效率值的比较。本书选取基于非期望产出的超效率 SBM-DEA 模型评价为实现中国 11 个沿海地区的海洋生态补偿效率。模型设定如下:

假设要计算 n 个决策单元的效率,记为 $DMU_j(j=1,2,\cdots,n)$,m 个投入表示为 $X_i(i=1,2,\cdots,m)$,q 个期望产出表示为 $y_r(r=1,2,\cdots,q)$,h 个非期望产出表示为 $b_t(t=1,2,\cdots,h)$,则投入产出矩阵分别记为

$$X=(x_{ij}\in R^{m\times n})$$
$$Y=(y_{rj}\in R^{q\times n})$$
$$B=(b_{tj}\in R^{h\times n}) \tag{式(4-3)}$$

假定数据集为正,即 $X>0,Y>0,B>0$。生产可能集记为 P:

$$P=\{(x,y,b)/x\geq X\lambda,y\leq Y\lambda,b\geq B\lambda,\lambda\geq0\} \tag{式(4-4)}$$

式中,λ 是权重参数,是 R^n 中的非负向量。

第 k 个被评价单元 DMU_k 的投入产出记为

$$x_k=X\lambda+s^-$$
$$y_k=Y\lambda-s^+$$
$$b_k=B\lambda+s^{b-} \tag{式(4-5)}$$

其中,s^- 代表投入过剩,s^+ 代表产出不足,s^{b-} 代表非期望产出的松弛变量。非期望产出的 SBM-DEA 模型构建如下:

$$\min\rho = \frac{1 - \frac{1}{m}\sum_{i=1}^{m} s_i^- / x_{jk}}{1 + \frac{1}{q+h}\left(\sum_{r=1}^{q} \frac{s_r^+}{y_{rk}} + \sum_{t=1}^{h} s_t^{b-} / b_{tk}\right)}$$

$$s.t. \begin{cases} X\lambda + s^- = x_k \\ Y\lambda - s^+ = y_k \\ B\lambda + s^{b-} = b_k \\ \lambda, s^-, s^+ \geqslant 0 \end{cases} \qquad \text{式(4-6)}$$

而超效率模型则主要针对有效决策单元之间的效率比较,先将其排除在决策单元集合之外,使其有效前沿面发生变化,效率值大于1,而其他无效率评价单元的效率值不变。

2. Malmquist 指数模型

Malmquist 指数模型是 Fare 等(1994)基于 DEA 方法提出的,可以用 Malmquist 指数来计算不同时期的全要素生产率,同时使 DEA 模型可以用来分析面板数据,并将其分解为规模效率变化和技术效率变化(包括技术变化和纯技术效率变化)等。该模型可以更好地了解增长余值的构成及其动态变化趋势,成为目前最为常用的测算全要素生产率增长率的非参数模型,广泛应用于经济效率研究和生态效率研究领域。

从 t 时期到 $t+1$ 时期,Malmquist 指数可表示为

$$M(x_{t+1}, y_{t+1}, x_t, y_t) = \left[\frac{D^{t+1}(x_{t+1}, y_{t+1})}{D^t(x_t, y_t)}\right] \times \left[\frac{D^t(x_{t+1}, y_{t+1})}{D^{t+1}(x_{t+1}, y_{t+1})} \times \frac{D^t(x_t, y_t)}{D^{t+1}(x_t, y_t)}\right]^{\frac{1}{2}}$$

即 $\qquad TFPCH = EFFCH \times TECH = PECH \times SECH \times TECH \qquad$ 式(4-7)

其中,$D^t(x_t, y_t)$、$D^{t+1}(x_{t+1}, y_{t+1})$ 分别指以 t 时期的技术为参考(即以 t 时期的数据为参考集)时,t 时期和 $t+1$ 时期的决策单元的距离函数;$TFPCH$ 为决策单元的全要素生产率的变化指数,表示某一决策单元在 t 时期至 $t+1$ 时期生产率的变化,体现各沿海地区海洋生态补偿效率跨时期的变化情况。

为分析中国海洋生态补偿效率动态分解的离散程度,本书运用经济学常用的 σ 收敛性方法对其进行测度。σ 收敛的本质是利用标准差方法来分析收敛性,在本书研究中,海洋生态补偿的全要素生产率及其分解随着时间推移具有不断降低的趋势,则说明存在 σ 收敛。具体借鉴孔晴(2019)的研究方法,将 σ 定义为

$$\sigma_{it} = \sqrt{\frac{1}{n}\sum_{i=1}^{n}\left[M_{it} - \frac{1}{n}\sum_{i=1}^{n} M_{it}\right]^2} \qquad \text{式(4-8)}$$

其中,M_{it} 表示 i 地区 t 时的全要素生产率;σ_{it} 表示 n 个样本区域 t 时全要素生产率的标准差,若 $\sigma_{t+T} < \sigma_t$ 存在,则全要素生产率存在 σ 收敛。同时,可对全要素生产率分解产生的技术效率指数和技术进步指数的收敛分析。

3. Tobit 模型

Tobit 模型又称受限因变量模型,与 DEA 方法的结合已广泛应用于多个领域。本书以海洋生态补偿效率值为被解释变量,在去除已算作投入产出的指标的前提下,参考前人研究成果,建立回归模型如下:

$$Y_{it} = \beta_0 + \beta_1 X_1 + \beta_2 X_2 + \beta_3 X_3 + \beta_4 X_4 + \beta_5 X_5 + \beta_6 X_6 + \beta_7 \mathrm{Ln} X_7 + \varepsilon_i \qquad 式（4-9）$$

式中，Y_{it} 是第 i 个沿海地区的第 t 年的海洋生态补偿效率值；β_0 为截距项；X_n 是解释变量；其中 X_1 是海洋第三产业占海洋 GDP 比重（反映海洋产业结构的优化程度），X_2 是单位海洋 GDP 能耗（表征节能减排力度，能耗越高表示该地区海洋经济发展对能源消耗的依赖性越强，导致污染物排放增加），X_3 是城市化率（体现城市发展状况的指标），X_4 是海洋科研人数投入（海洋科研人员占涉海从业人员比重），X_5 是海洋机构研发经费支出占海洋 GDP 比重（体现区域内的海洋技术投入），X_6 是进出口总额占 GDP 比重（表征对外开放程度），X_7 是海洋灾害直接经济损失（体现海洋生态补偿所面临的自然环境）；β_n 为解释变量的回归系数；ε_i 为误差项。

4. 标准差椭圆（SDE）

标准差椭圆充分发挥了 ArcGIS 空间可视化的优势，能够通过长轴、短轴、分布重心以及方位角的变化等形式来精确地描述各地理要素的空间分布特征。标准差椭圆可以反映对象的总体轮廓和其所主导的方向，它的中心（即重心）表现出其在二维空间分布的相对地理位置；长轴表示地理要素在总趋势方向上的离散程度，方位角（即长轴的方向，是正北方向与长轴之间做顺时针旋转产生的夹角）反映其在二维空间上分布的主要趋势；长、短轴之比可以体现要素空间分布的形态。本文通过 ArcGIS 10.0 对相关参数进行求解，具体公式如下：

平均中心（重心）：
$$\overline{X}_w = \frac{\sum_{i=1}^{n} w_i x_i}{\sum_{i=1}^{n} w_i} ; \overline{Y}_w = \frac{\sum_{i=1}^{n} w_i y_i}{\sum_{i=1}^{n} w_i} \qquad 式（4-10）$$

X 轴标准差：
$$\sigma_x = \frac{\sqrt{\sum_{i=1}^{n} (w_i \tilde{x}_i \cos\theta - w_i \tilde{y}_i \sin\theta)^2}}{\sum_{i=1}^{n} w_i^2} \qquad 式（4-11）$$

Y 轴标准差：
$$\sigma_y = \frac{\sqrt{\sum_{i=1}^{n} (w_i \tilde{x}_i \sin\theta - w_i \tilde{y}_i \cos\theta)^2}}{\sum_{i=1}^{n} w_i^2} \qquad 式（4-12）$$

其中，(x_i, y_i) 是研究对象的空间区位；w_i 表示权重；$\tilde{x}_i$ 和 $\tilde{y}_i$ 分别表示 i 点与区域重心之间距离的相对坐标；方位角可通过 $\tan\theta$ 求得；σ_x 和 σ_y 分别为椭圆沿 x 轴和沿 y 轴的标准差。

5. 灰色动态预测模型

为进一步研究中国海洋生态补偿效率的标准差椭圆的各个参数（重心坐标、长短半轴长度、旋转角），从而揭示未来中国沿海地区的海洋生态补偿效率的空间转移路径，基于动态预测方法对样本的容量、数量特征等的要求，受样本容量的限制，本书选用解决"少数据""贫信息"等不确定性问题的常用方法——灰色系统理论中的 EGM(1,1) 方法，相关原理和计算步骤可参考相关文献。

第三节　海洋生态补偿效率的分布特征

通过表 4-1 中所示的投入产出指标，选用非期望产出的超效率 SBM-DEA 模型，得到

2006—2016 年中国 11 个沿海地区的海洋生态补偿效率的结果(表 4-2)。本书在参考马占新(2010)对效率等级划分的基础上对海洋生态补偿效率的等级进行划分,具体见表 4-3。

表 4-2　2006—2016 年中国 11 个沿海地区海洋生态补偿效率

地区	2006 年	2007 年	2008 年	2009 年	2010 年	2011 年	2012 年	2013 年	2014 年	2015 年	2016 年	平均值
天津	0.138	0.062	0.077	0.126	0.156	0.068	0.105	0.132	1.001	1.014	1.131	0.365
河北	1.008	0.440	0.180	0.130	0.131	0.198	0.329	0.347	0.434	0.355	0.274	0.348
辽宁	0.104	0.014	0.014	0.018	0.017	0.017	0.019	0.027	0.030	0.023	0.023	0.028
上海	1.345	1.340	1.349	1.318	1.299	1.317	1.284	1.287	1.260	1.304	1.330	1.312
江苏	1.015	1.038	1.096	1.093	1.070	1.105	1.106	1.079	1.105	1.125	1.120	1.087
浙江	0.050	0.007	0.005	0.013	0.010	0.018	0.013	0.015	0.012	0.016	0.016	0.016
福建	0.048	0.007	0.027	0.016	0.007	0.004	0.011	0.010	0.013	0.013	0.015	0.016
山东	0.147	0.018	0.017	0.013	0.011	0.014	0.017	0.017	0.027	0.025	0.022	0.030
广东	1.099	1.190	1.183	1.124	1.075	1.073	1.176	1.126	1.157	1.154	1.084	1.131
广西	1.054	0.250	0.050	0.183	0.159	0.219	0.266	0.246	0.224	0.213	0.225	0.281
海南	1.390	2.317	2.457	2.373	2.604	2.408	2.326	2.451	2.587	2.536	2.428	2.353
均值	0.673	0.608	0.587	0.582	0.594	0.586	0.605	0.612	0.714	0.707	0.697	0.633

表 4-3　海洋生态补偿效率等级划分

效率值	$\rho<0.1$	$0.1\leqslant\rho<0.3$	$0.3\leqslant\rho<0.6$	$0.6\leqslant\rho<0.8$	$0.8\leqslant\rho<1$	$\rho\geqslant1$
等级	绝对无效	基本无效	无效	中等	良好	有效

一、总体分布特征

结合以上结果,同时计算各地区海洋生态补偿效率的平均值、标准差和变异系数,具体见图 4-2,得出 2006—2016 年中国海洋生态补偿效率的总体特征。

1. 总体海洋生态补偿效率不高

2006—2016 年海洋生态补偿效率的平均值为 0.633(即平均标准线),处于中等效率水平;2007—2013 年的总体效率均处于无效状态,占比达 63.6%;2013 年前达到有效水平的省市占比仅为 36.4%,且最低效率小于 0.01,2014 年后有效省市占比和最低效率虽有所增加,但仍处在较低水平。综合来看,中国总体海洋生态补偿效率不高,主要原因在于中国海洋生态补偿起步较晚,海洋环境尤其是近岸海域污染严重,海洋生态遭受严重破坏,虽近年来国家重视修复、保护海洋生态环境,但总体的海洋生态补偿效率格局仍处在较低水平。

2. 效率值随时间变化趋势明显

中国总体海洋生态补偿效率在时间上呈现下降—上升—稳定的趋势,在一定程度上反映了中国海洋生态补偿工作的效果。"十五"期间,国家为加快发展海洋经济,加速开发海洋资源,忽视了海洋环境问题,导致中国海洋生态环境破坏较为严重;2006 年"十一五"初期,

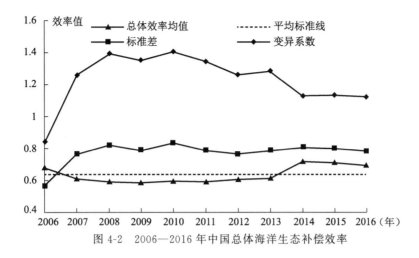

图 4-2　2006—2016 年中国总体海洋生态补偿效率

面临资源环境压力,中国政府虽开始加强对资源环境的保护,实施了海洋生态补偿的初期工作,但海洋生态环境修复是一个需要较大前期投入且见效缓慢的过程,总体的海洋生态补偿效率仍保持下降趋势;2010 年后,海洋生态补偿政策进入密集发布期,海洋生态补偿效率得到了一定程度的提升,但仍有很大的发展空间。

3. 各地区效率存在较大差距

结合图 4-2 可知,中国 11 个沿海地区的海洋生态补偿效率之间的绝对差异(标准差)虽有波动式升降但总体呈现扩大的趋势,2006 年绝对差异最小(0.564),2010 年绝对差异最大(0.834),近三年的绝对差异稳定在 0.8 左右,区域之间的绝对差距较大;海洋生态补偿效率的相对差异(变异系数)呈现类似绝对差异的变化趋势,但增减幅度比绝对差异更大,2006 年相对差异最小(0.84),2010 年相对差异最大(1.4),近三年的相对差异稳定在 1.13 左右,区域的相对差距较大。综合来看,各沿海地区前期均处在重视发展海洋经济忽视海洋环境保护的阶段,对海洋生态补偿投入不足,故绝对差异和相对差异均较小;随着海洋环境保护意识的觉醒,部分地区尝试实施海洋生态补偿,海洋生态补偿效率的绝对差异和相对差异急剧增大;2010 年以来,随着国家层面对海洋生态补偿的重视,各沿海地区全面推进海洋生态补偿,且随着补偿力度加大,海洋生态补偿效率的差距逐渐缩小,但因各地海洋经济水平和海洋生态环境保护状况存在的差异,故近年各地区的海洋生态补偿效率的差距仍稳定在较高的水平。

二、典型区域分布特征

本书利用 ArcGIS 10.2 绘制了各年的海洋生态补偿效率空间分布示意图(图 4-3 以 2006 年、2010 年、2015 年为例)。从图中可以看出,中国各沿海地区的海洋生态补偿效率均有一定程度的提升。结合表 4-2,通过变化趋势、有效性和海区区划等不同的视角对海洋生态补偿效率的省际特征进行分析。

1. 变化趋势视角

根据海洋生态补偿效率的变化趋势不同(具体趋势图见附图 1),可将中国 11 个沿海地区划分为上升型、下降型和波动型三类(表 4-4)。

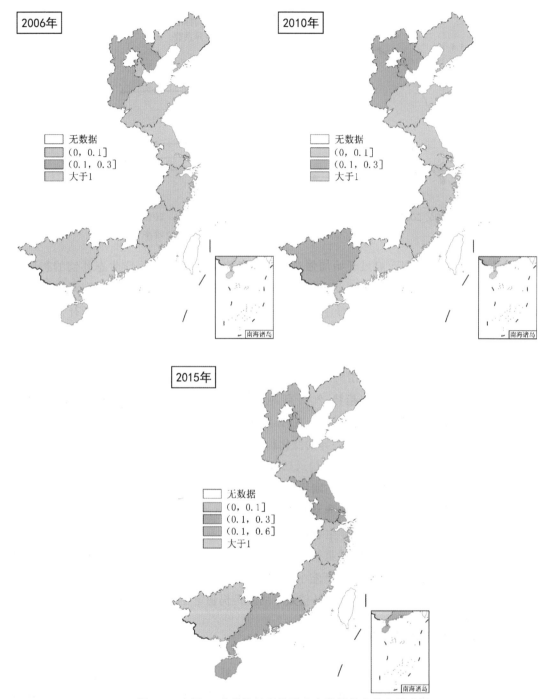

图 4-3　中国 11 个沿海地区海洋生态补偿效率分布示意图

表 4-4　中国 11 个沿海地区的海洋生态补偿效率的变化趋势分类

趋势	上升型	下降型	波动型
地区	天津、江苏、海南	河北、辽宁、浙江、福建、山东、广西	上海、广东

从海洋生态补偿效率的变化趋势来看,沿海地区海洋生态补偿效率的增长驱动表现一

般,中国海洋生态补偿的发展面临严峻形势。其中,上升型地区仅有3个,占27.3%;大多数地区的海洋生态补偿效率处于下降趋势,尤其是辽宁、福建和浙江的海洋生态补偿效率常年低于0.1,处在绝对无效状态。据此判断,中国海洋生态环境与海洋经济发展之间并未达到平衡和协调,海洋生态环境恶化的趋势尚未逆转。中国海洋生态补偿仍面临危机和挑战,注重经济增长、忽视生态环境的现象依旧普遍,如辽宁和河北承受迫切转型和升级压力,福建和山东肩负海洋经济发展重任,其海洋生态补偿效率均较低。部分海洋环境基础较差的地区开展了海洋生态补偿的实践,但效果差异明显,如上海和广东海洋经济体量大,虽积极探索海洋经济增长和海洋生态环境的可持续发展,但其海洋生态补偿效率仍存在较大的波动;而天津虽海洋环境较差,但通过海洋工程、海洋生态损害评估、建立海洋自然保护区等一系列海洋生态补偿制度,取得海洋生态补偿的明显效果。海南作为海洋经济薄弱地区,坚守环境保护的发展底线,实现了海洋经济和海洋环境的协调发展,如在全国范围内首先提出建设生态省,并始终按照“生态立省”“绿色崛起”思路建设生态岛,使其海洋生态补偿效率得到了稳步提升,海洋经济增长率也保持在全国领先水平。

2. 有效性视角

根据DEA模型对效率的界定将各地区划分为完全有效地区(上海、江苏、广东和海南)和相对无效地区(除上述省市外,部分或全部处在相对无效状态的地区)两类。计算两类所含地区的各年海洋生态补偿效率均值,具体如图4-4所示。

综合来看,完全有效地区和相对无效地区的效率均值差距较大。完全有效地区的海洋经济基础整体较好,较早关注海洋生态环境的保护和海洋资源的合理开发,如上海于20世纪初提出保护和适度开发海洋资源、对污染物入海实行总量控制等政策,江苏和广东于2010年实施海洋生态补偿试点,海南坚持的生态岛、旅游岛建设,因此其海洋经济发展和海洋生态环境保护相对较好,海洋生态补偿效率的均值保持波动上升状态,海洋生态补偿工作达到良好效果。相对无效地区的海洋生态补偿工作虽有一定提升,但其效率还有很大的上升和发展空间:广西和河北的海洋经济基础较差,海洋生产总值和海洋固定资产均处在后半段,海洋从业人数更是处在后两位,且海洋产业多为高污染、高排放的类型,同时海洋生态环境保护投入相对较低;而天津、浙江和辽宁虽海洋经济总量较高,但其海洋生态环境相对较为恶劣,污染海域面积较大,尤其是浙江,虽海洋环境治理费用投入处在全国首位,但仍难以达到海洋生态补偿的高效率。故这些地区应该在总结自身海洋生态补偿工作局限性的基础上,借鉴完全有效地区的经验,早日实现海洋生态补偿效率的大幅度增长。

3. 海区区划视角

为进一步研究海区区划对海洋生态补偿效率的影响,按照中国海洋管理系统目前划分的北海(辽宁、天津、河北、山东)、东海(江苏、浙江、上海、福建)、南海(广东、广西、海南)三个海区进行分类,并计算2006—2016年三个海区的海洋生态补偿效率均值,具体如图4-4所示。

从图中可看出,各行政海区海洋生态补偿效率呈现逐渐收敛的趋势,并存在不同的特点:东海区的海洋生态补偿效率均值最为稳定,但长江入海口和浙江沿岸的海洋环境污染状况极为严峻,故东海区仍需全面开展海洋生态补偿等海洋环境保护方面的相关工作,并始终

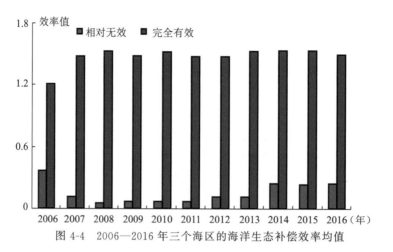

图 4-4　2006—2016 年三个海区的海洋生态补偿效率均值

把优良的海洋生态环境作为工作的首要目标,协调好海洋生态环境和海洋经济的均衡发展。南海区既有海洋环境优良地区(海南、广西),又有海洋经济发达地区(广东),其海洋生态补偿效率整体较高,维持在完全有效状态。北海区虽进行了海洋生态补偿的相关探索,如编制全国首个海洋生态功能区划文件——《辽宁省海洋生态功能区划》、制定山东省海洋生态补偿方面的管理规定等,但其海洋环境起步较差,海洋产业转型升级压力较大,效率值仍保持在相对较低的水平,因此北海区应进一步加强落实海洋生态补偿政策,尽快实现海洋生态环境的提升。

三、影响因素分析

选用公式 4-9,通过 Stata 15 软件进行 Tobit 回归,得出各影响因素对海洋生态补偿效率的关系,具体结果见表 4-5。

表 4-5　Tobit 模型估计结果

变量	系数	Std. Err.	z	P
$X1$	0.026	0.006	4.69	0.000＊＊＊
$X2$	1.064	0.930	1.14	0.253
$X3$	−0.015	0.007	−2.09	0.037＊＊
$X4$	−0.702	0.557	−1.26	0.207
$X5$	−6.1E−5	0.000	−1.08	0.282
$X6$	−0.015	0.000	−3.19	0.001＊＊＊
$\ln X7$	−0.015	0.054	−2.64	0.007＊＊＊
C	0.978	0.583	1.37	0.171

注:＊、＊＊、＊＊＊分别表示在 10％、5％、1％显著性水平下显著。

从以上结果可得出如下结论。

(1)海洋第三产业比重对海洋生态补偿效率值有正向的影响,且影响显著,说明增加海洋第三产业比重会提升海洋生态补偿效率。传统海洋产业的粗放式开发方式造成海洋生态环境的严重破坏,而随着中国海洋第三产业比重的逐年提高,海洋产业结构不断优化,对海洋经济发展和海洋生态环境改善起到了明显的推动作用。

（2）城市化率、进出口总额占 GDP 比重和海洋灾害直接经济损失对海洋生态补偿效率存在显著的负向影响。城市化率是考量城市发展程度的重要指标,过度的追求城市化所带来的资源浪费以及盲目建设等社会问题,对海洋生态环境有着风险和不利影响。进出口总额占 GDP 比重代表的对外开放程度,虽对海洋经济的发展有促进作用,但也可能会因为部分地区承接发达国家高消耗、高污染的海洋产业,加重海洋污染问题的严峻性,不利于海洋生态补偿效率的提高。海洋灾害直接经济损失代表了海洋生态补偿所面临的自然环境,海洋灾害直接损失越高,地区面临的自然环境越恶劣,海洋生态补偿将面临更加严峻的挑战,而海洋灾害带来的破坏严重制约了海洋生态补偿的效率。

（3）单位海洋 GDP 能耗、海洋科研人数投入及海洋机构研发经费支出占海洋 GDP 比重对海洋生态补偿效率的影响不显著。海洋科研涉及的人数投入和研发经费虽逐年递增,但研究期内的影响仍不显著,说明应用到海洋生态补偿过程中的科技成果相对较少,盲目增加海洋研发经费不可取,应重点提升海洋科研人员的素质和研发经费的转化效率。而单位海洋 GDP 能耗代表的海洋环保技术水平和节能减排力度,对海洋生态补偿效率无显著影响,说明目前的节能减排力度对海洋生态环境修复的效果不理想,对海洋生态补偿效率影响的显著性不强。

第四节　海洋生态补偿效率的动态分解

本书利用 DEAP2.1 软件,测算了 2006—2016 年中国 11 个沿海地区的海洋生态 Malmquist 指数（TFPCH）、技术效率指数（EFFCH）、技术进步指数（TECH）,具体见附表 5～附表 7,下文将从以下几个方面对其进行具体分析。

一、总体动态分解

全要素生产率可衡量全部投入要素的利用效率,通过 Malmquist 指数测算的全要素生产率结果见图 4-5,与其分解的变化趋势一致。从变化趋势来看,2006—2016 年中国海洋生态补偿的全要素生产率和技术进步指数大致经历了两次下降—上升波动,且变化吻合度较高,趋势较为一致;而技术效率指数大致经历了两次上升—下降波动,与全要素生产率的变化趋势相反。中国海洋生态补偿的全要素生产率同时受到技术进步指数变化和技术效率指数的影响,相对来说其受技术进步指数的影响较大。

总体来看,2006—2016 年中国海洋生态补偿的全要素生产率的平均值为 1.014,且波动幅度较小,说明中国海洋生态补偿效率大部分时间处在上升趋势,海洋生态环境得到逐步改善,海洋生态补偿效率整体向着良好的方向发展;海洋生态补偿的技术处于进步状态,且在海洋生态环境整治和海洋污染控制等方面具有政策和技术优势,进步水平成为海洋生态环境改善的主要动力;海洋生态补偿的技术效率处于下降状态,技术效率成为制约海洋生态补偿效率增长的主要因素。实证表明,中国海洋生态补偿效率仍存在较大发展潜力,海洋生态技术进步依旧是中国海洋生态补偿过程中全要素生产率的重要驱动力,但面临一定的技术效率损失。

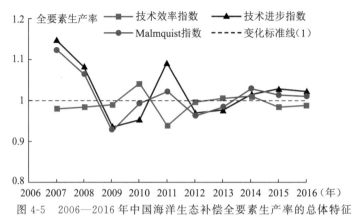

图 4-5　2006—2016 年中国海洋生态补偿全要素生产率的总体特征

二、典型区域动态分解

通过总结中国 11 个沿海地区的海洋生态补偿效率输出值,得到表 4-6 中的相关数据,进而分析出典型区域海洋生态补偿效率的动态分解特征。从典型区域视角来看,三个海区的海洋生态补偿的全要素生产率指数均经历了先下降后上升的过程,东海区是海洋生态补偿发展最前沿的地区,各年平均值均大于 1,北海区为海洋生态补偿的全要素生产率崛起最迅速的地区,南海区的海洋生态补偿的全要素生产率发展则相对滞后。

表 4-6　2006—2016 年中国各沿海地区海洋生态补偿效率均值、投入冗余及全要素生产率

地区	效率值均值				投入要素冗余率			Malmquist 指数		
	技术效率	纯技术效率	规模效率	技术进步指数	海洋补偿资本	海洋资源	海洋劳动力	2006—2009 年	2010—2012 年	2013—2016 年
辽宁	1.007	1.005	1.001	1.058	0.161	0.335	0.181	1.017	1.014	1.145
天津	0.959	1.000	0.966	1.025	0.221	0.220	0.133	0.972	1.016	0.987
河北	1.000	0.974	0.999	1.019	0.369	0.851	0.252	1.005	1.004	0.975
山东	0.966	1.000	1.000	1.016	0.000	0.000	0.000	0.973	1.095	0.997
江苏	0.973	1.000	1.000	1.048	0.000	0.000	0.000	1.086	1.039	1.031
上海	1.000	1.010	0.999	1.012	0.282	0.544	0.205	1.068	1.032	0.980
浙江	1.000	0.999	1.006	1.015	0.313	0.547	0.212	1.089	0.962	1.017
福建	1.009	1.000	0.986	1.026	0.158	0.113	0.080	1.015	1.002	1.018
广东	1.005	1.000	1.000	1.014	0.000	0.000	0.000	1.021	1.053	0.994
广西	1.000	1.000	0.959	0.995	0.363	0.427	0.346	0.953	0.938	0.971
海南	0.986	1.000	1.000	1.008	0.000	0.000	0.000	1.393	0.816	1.020

地区	效率值均值				投入要素冗余率			Malmquist 指数		
	技术效率	纯技术效率	规模效率	技术进步指数	海洋补偿资本	海洋资源	海洋劳动力	2006—2009年	2010—2012年	2013—2016年
北海区	0.983	0.995	0.992	1.030	0.188	0.352	0.142	0.992	1.032	1.026
东海区	0.996	1.002	0.998	1.025	0.188	0.301	0.124	1.064	1.009	1.011
南海区	0.997	1.000	0.986	1.006	0.121	0.142	0.115	1.122	0.936	0.995
平均	0.991	0.999	0.992	1.021	0.170	0.276	0.128	1.054	0.997	1.012

1. 全要素生产率的分解结果

技术效率指数方面,除天津、山东、江苏外,其余沿海地区的技术效率指数均大于 1.000,山东的技术效率均值最小(0.996),福建的技术效率均值最大(1.009);各地区的技术效率变化趋势不同,总体来看,浙江的变化幅度最大(0.321),山东、江苏、广东、海南的技术效率变化始终保持不变(1.000)。除广西外,其他地区的技术进步指数均大于 1.000。总体来看,2006—2016 年各沿海地区技术进步均值大于 1.000,但规模效率均值小于 1.000,说明在海洋生态补偿中存在规模不经济的问题,有过度投资、资源闲置的可能。

各沿海地区的海洋生态补偿的效益不稳定。从生态经济学的角度看,低水平纯技术效率下的全要素投入产生边际报酬递减现象,导致规模不经济,进而影响技术效率变化指数的提升;而技术进步与外在的创新激励机制密切相关,以往海洋生态补偿的方式无法形成对技术进步的诱导机制,制约了技术更新和发展,特别是环境效应主体不明确,使海洋生态补偿参与主体更加忽略了环境保护技术的研发和创新。

2. 各投入要素的冗余率

各投入指标的冗余率均处于较低水平,反映了现阶段中国海洋生态补偿的主要矛盾在于海洋补偿资金消耗大、资源利用效率低和海洋劳动力不足等。其中,山东、江苏、广东和海南的投入冗余率为 0.000,说明其海洋生态补偿的效率始终处于前沿状态,海洋生态补偿投入产出处于有效状态,投入利用效率较高。

3. 全要素生产率指数变化

从三个不同时期来看,各地区之间的海洋生态补偿的全要素生产率具有不同的变化趋势,主要可以分为持平-上升型(辽宁)、上升-下降型(天津、山东、广东)、持平-下降型(河北)、下降型(江苏、上海)、下降-上升型(浙江、福建、海南、广西)。各地区的海洋生态补偿发展水平差异具有区域集中化的特点。

三、收敛性检验

为分析全要素生产率及动态分解的离散程度,本书采取 σ 收敛(公式 4-8)对全要素生产率及其动态分解产生的技术效率指数和技术进步指数进行测度,具体结果见图 4-6～图4-8。

根据图 4-6 可知,在全国层面,海洋生态补偿全要素生产率 σ 系数的起始值最大

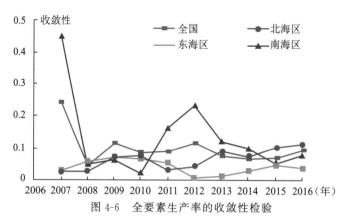

图 4-6　全要素生产率的收敛性检验

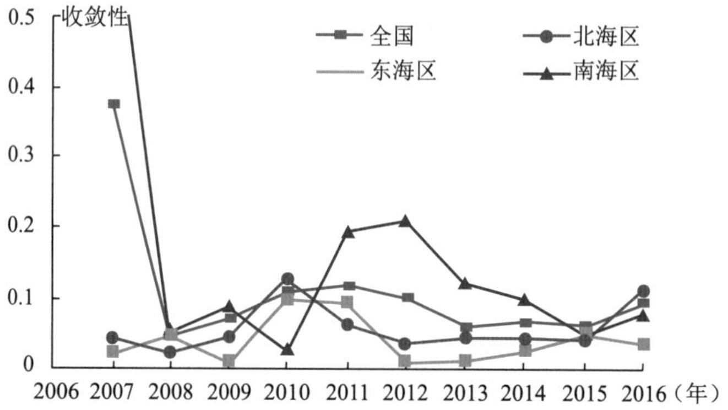

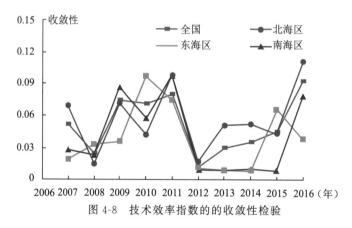

图 4-7　技术进步指数的收敛性检验

图 4-8　技术效率指数的的收敛性检验

（0.241），呈现先降低后反复波动的态势；在海区层面，南海区 σ 系数的变化趋势呈现先降低后波动下降，与全国层面基本一致，北海区的 σ 系数波动上升，东海区的 σ 系数波动下降，说明东海区和南海区呈 σ 收敛，北海区的海洋生态补偿全要素生产率则不存在 σ 收敛，且全国层面 σ 系数受南海区影响较大。根据图 4-7，海洋生态补偿技术进步指数的收敛性与全要素生产率类似，这也印证了上文中技术进步指数依旧是中国海洋生态补偿全要素生产率的重要驱动力的结论。根据图 4-8 可知，全国层面和各海区的海洋生态补偿的技术效率指数的 σ 系数均呈现较强的波动趋势，除东海区外均不存在 σ 收敛。

第五节 海洋生态补偿效率的空间转移

通过上文可知,2006—2016 年中国 11 个沿海地区的海洋生态补偿效率具有较大的差异。本书利用 ArcGIS 10.2 软件中的标准差椭圆方法,得到海洋生态补偿效率的空间分布格局,并绘制出中国沿海地区海洋生态补偿效率的标准差椭圆及重心转移示意图(图 4-9)。2006—2016 年中国 11 个沿海地区的海洋生态补偿效率空间格局表现出明显的演化特征,可概括为先向南偏东移动、后向北偏西移动,且空间分布呈现先缩小后逐渐增大的趋势。下文将从空间分布重心变化、空间分布形态及长短轴变化、空间分布方位角变化等方面来进一步分析中国海洋生态补偿效率空间差异的动态变化。

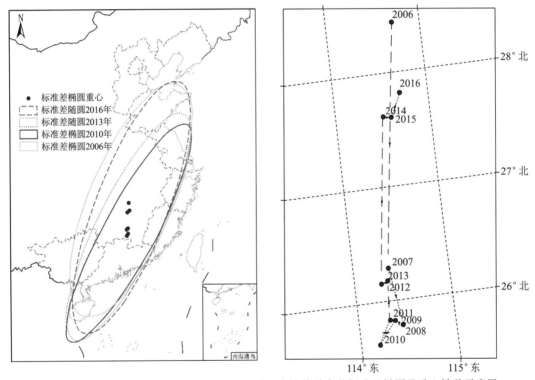

图 4-9 2006—2016 年中国沿海地区海洋生态补偿效率的标准差椭圆及重心转移示意图

一、空间分布重心变化

从图 4-9 可知,2006—2016 年海洋生态补偿效率重心的南北方向移动明显大于东西方向移动,且效率重心在空间上发生了明显的转折:2006—2010 年效率重心整体呈现向西南移动的趋势,其中 2006—2007 年大幅度向西南移动,2008 年重心向东南偏移,2009 年略向西北偏移,2010 年向西南迁移;2011—2016 年效率重心整体呈现向东北移动的趋势,其中 2011—2012 年先向东北偏移,2013 年略向西南偏移,2014 年向东北偏移,2015 年略向东偏移,2016 年继续向东北偏移。总体来看,重心移动速度呈现加快—降低—加快—降低的过程。

将海洋生态补偿效率的重心移动距离变化绘制成图4-10,中国海洋生态补偿效率重心的总位移为70.41 km,其中向东移动7.9 km,向南移动69.97 km。总体上呈现向南东移动的趋势,其中2007年和2014年南北方向位移相对较大,说明此期间海洋生态补偿效率区域不平衡性突出,南北方向差异较大。2015—2016年效率重心的空间波动范围相对缩小,表明海洋生态补偿效率空间聚集性增强,区域不平衡性有所收敛。

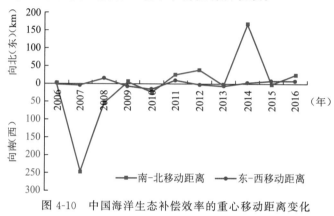

图4-10 中国海洋生态补偿效率的重心移动距离变化

二、分布形态及长短轴变化

将中国海洋生态补偿效率的空间分布形态及长短轴变化绘制成图4-11。从图4-9和图4-11可知,2006—2016年中国11个沿海地区的海洋生态补偿效率空间分布总体呈缩小趋势,标准差椭圆长轴和短轴略有缩短。具体可划分为两个阶段:2006—2010年海洋生态补偿效率的标准差椭圆分布范围逐渐缩小,其中2006—2008年椭圆长轴和短轴处于等比例缩小状态,2009—2010年长、短轴变化不大,即中国沿海地区海洋生态补偿效率呈收缩的趋势,表明海洋生态补偿效率分布向心力逐渐增强;2011—2016年分布范围逐渐增大,椭圆长、短轴基本处于等比例增大状态,但2014年短轴增加比例明显大于长轴,说明中国沿海地区海洋生态补偿效率的空间分布较为分散,空间溢出效应较为明显,并逐渐向均衡趋势发展。

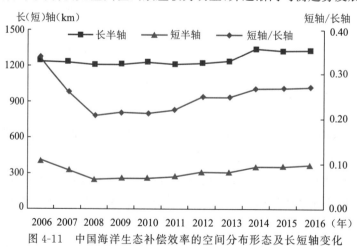

图4-11 中国海洋生态补偿效率的空间分布形态及长短轴变化

三、空间分布方位角变化

将中国海洋生态补偿效率的空间分布方位角变化绘制成图 4-12。从图 4-12 可知,2006—2016 年中国沿海地区的海洋生态补偿效率空间分布方位角呈现先增大后减小最后趋于稳定的趋势。具体来看,2006—2009 年空间分布方位角大幅增加,2010 年略有降低,此时中国沿海地区的海洋生态补偿效率空间分布呈现东北—西南走向,该阶段海洋生态补偿处于萌芽和理论探索阶段,发展的重心是海洋经济的速度和规模,忽视了海洋生态环境的发展;2011 年方位角略有增加后,2007—2014 年大幅降低,2015—2016 年基本稳定在 18.9°左右,此时生态效率空间分布格局向西北方向扭转,海洋生态补偿开始进入实践探索和全面实施阶段,并取得了一定的创新性成果,海洋生态补偿效率的空间分布格局基本稳定。

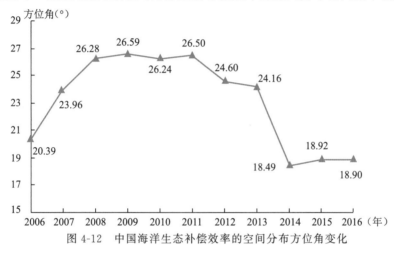

图 4-12　中国海洋生态补偿效率的空间分布方位角变化

四、空间分布动态预测

通过灰色动态模型对海洋生态补偿效率的空间分布进行预测,根据结果绘制海洋生态补偿效率的空间转移预测图(图 4-13),并得出以下结论:2016—2030 年海洋生态补偿效率的重心位移 516.14 km,整体向西北移动;在南北方向移动 515.95 km、东西方向移动 13.99 km,说明未来北海区和东海区将影响中国海洋生态补偿效率空间分布的整体格局。就空间范围变化来看,海洋生态补偿效率标准差椭圆的短半轴分别由 2016 年的 357.36 km 增加至 709.47 km,长半轴由 1323.75 km 增加至 1638.48 km,分别增加 98.5%、23.8%,短半轴增幅明显大于长半轴增幅;覆盖面积从 2016 年的 1.49×10^6 km² 增加至 2030 年的 3.65×10^6 km²,旋转角度由 2016 年的 18.9°缩小为 2030 年的 10.13°,说明未来中国海洋生态补偿效率空间分布逐渐向东南—西北格局转变。从以上预测结果可以看出,在未来一段时期内,中国海洋生态补偿效率的空间分布格局在东西方向、南北方向均呈扩散态势,生态补偿效率的空间溢出效应较明显,逐渐向均衡趋势发展。

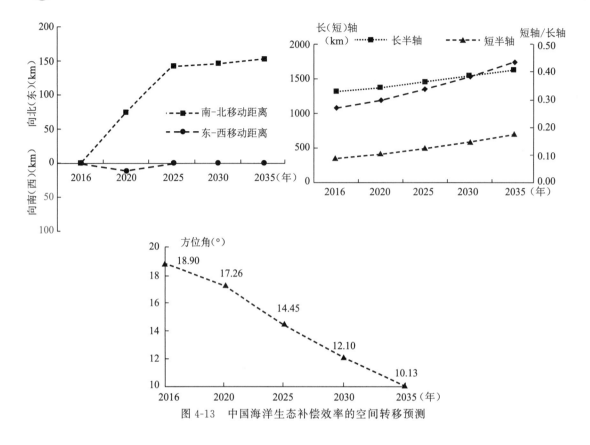

图 4-13 中国海洋生态补偿效率的空间转移预测

第六节 本章小结

本章综合考虑了海洋生态补偿的基本概念,运用包含非期望产出的超效率 SBM-DEA 模型对中国 11 个沿海地区 2006—2016 年的海洋生态补偿效率值进行了测算和演化分析,利用 Tobit 回归对其影响因素进行分析,采用 Malmquist 指数分析了全要素生产率与海洋生态补偿效率的动态变动关系,根据标准差椭圆研究了其空间转移特征,并运用灰色动态模型对其空间分布的发展趋势进行预测,得出了以下结论。

(1)中国总体海洋生态补偿效率处于中等偏下的水平,随时间呈现明显的变化趋势;各地区的效率值标准差和变异系数均有所扩大。从变化趋势视角来看,大部分地区的海洋生态补偿效率处于下降过程;从有效性视角来看,完全有效地区和相对无效地区的效率均值差距较大;从海区区划视角来看,东海区的海洋生态补偿效率均值最为稳定,南海区则始终处于相对有效状态,北海区的效率整体较低。

(2)中国海洋生态补偿的全要素生产率受技术进步指数的影响较大。海洋生态技术进步依旧是海洋生态补偿过程中全要素生产率的重要驱动力,但面临一定的技术效率损失。

(3)海洋第三产业比重对海洋生态补偿效率值有正向的显著影响,城市化率、进出口总额占 GDP 比重和海洋灾害直接经济损失对海洋生态补偿效率存在显著的负向影响。

(4)海洋生态补偿效率空间分布呈现先缩小后逐渐增大的趋势;重心先向南偏东移动、

后向北偏西移动,南北方向位移明显大于东西方向,移动速度呈现加快—降低—加快—降低的过程;标准差椭圆长轴和短轴略有缩短;方位角先增大后减小然后趋于稳定;海洋生态补偿效率的空间聚集性增强,区域不平衡性有所收敛,空间分布格局基本保持稳定。根据预测,在未来一段时期内,中国海洋生态补偿效率的空间分布格局在东西方向、南北方向均呈扩散态势,生态补偿效率的空间溢出效应较明显,逐渐向均衡趋势发展。

第五章 海洋生态补偿试点政策的反事实评价

前文已经基于综合效果指数和投入产出效率的方法对海洋生态补偿政策效果进行了定量评价和相应分析,其研究的海洋生态补偿政策是广义上可以促进海洋生态环境修复或对海洋环境保护有利的所有经济手段和行政措施。为进一步研究某个具体海洋生态补偿政策的实际效果,本章将采用反事实评价中的双重差分法(DID),以评价中国海洋生态补偿试点政策对沿海地区海洋碳汇渔业固碳强度的影响。

第一节 研究机理

海洋生态补偿试点政策实施以来,其对海洋碳汇渔业固碳强度的影响既有可能来自该补偿试点政策所带来的政策效应,也有可能是时间趋势变化对海洋碳汇渔业固碳强度产生的时间效应。如何将政策效应区分出来,从而正确评价海洋生态补偿试点对海洋碳汇渔业固碳强度所产生的影响就显得至关重要。本节采用的双重差分法(DID)能够有效控制海洋碳汇渔业固碳强度和各被解释变量之间的相互影响效应(避免政策的内生性),尤其对于面板数据来说,双重差分模型能在各沿海地区不可观测的个体差异的基础上,控制因时间变化造成的不可观测因素的影响,从而得到海洋生态补偿试点政策效果的无偏估计,进而有效地分析海洋生态补偿试点的政策效应,实现较为客观地评价海洋生态试点政策效果的目的。

一、反事实方法的机理

反事实方法是政策效果评估的常用和重要的研究方法。结合本书数据特点,选取双重差分法来开展海洋生态补偿试点政策的反事实评价。

通过双重差分法,可将海洋生态补偿试点政策视为一个自然实验,为了评估出海洋生态补偿试点政策实施所带来的净影响,将全部的样本数据分为两组:一组是受到政策影响,即处理组;另一组是没有受到同一政策影响,即对照组。

双重差分法的原理示意图见图 5-1。双重差分法的基本思想是通过对政策实施前后对照组和处理组之间差异的比较构造出反映政策效果的双重差分统计量,将该思想与表 5-1 的内容转化为简单的模型,这个时候只需要关注模型中交互项的系数,就得到了想要的 DID 下的政策净效应。更进一步地讲,DID 的思想与表 5-1 的内容可以通过图 5-1 来体现。

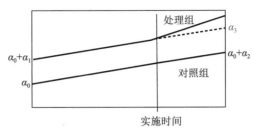

图 5-1 双重差分法原理示意图

表 5-1 双重差分法模型原理

	政策实施前	政策实施后	差异
处理组	$\alpha_0 + \alpha_1$	$\alpha_0 + \alpha_1 + \alpha_2 + \alpha_3$	$\alpha_2 + \alpha_3$
对照组	α_0	$\alpha_0 + \alpha_2$	α_2
差异	α_1	$\alpha_1 + \alpha_3$	α_3

图 5-1 中虚线表示的是假设政策并未实施时处理组的发展趋势。事实上,该图也反映出了 DID 最为重要和关键的前提条件:共同趋势(Common Trends),也就是说,处理组和对照组在政策实施之前必须具有相同的发展趋势。DID 的使用不需要政策随机以及分组随机,只要求满足平行趋势假设。

本书选择的双重差分法有以下优势:① 可以很大程度上避免内生性问题的困扰:海洋生态补偿试点政策相对于海洋生态补偿效果而言是外生的,因而不存在逆向因果问题。此外,使用固定效应估计一定程度上可缓解遗漏变量偏误问题。② 传统方法下的评估政策效应,主要是通过设置一个政策发生与否的虚拟变量然后进行回归,相较而言,双重差分法的模型设置更加科学,能更加准确地估计出海洋生态补偿试点政策的效应。③ 双重差分法的原理和模型设置很简单,容易理解和运用。

为进一步研究海洋生态补偿具体政策的影响效果,本书以 2011 年原国家海洋局实施的海洋生态补偿试点政策为例,利用政策效果分析领域的反事实评价方法来进行政策实施前后的实际效果对比,进而挖掘海洋生态补偿试点政策的实际效果。本书将对海洋生态补偿试点政策的反事实评价进行机理分析,重点分析海洋生态补偿试点政策对海洋碳汇渔业固碳强度的影响机理。

二、海洋生态补偿试点政策对海洋碳汇渔业固碳强度的影响机理

海洋在全球碳循环中起到了尤为重要的作用,是现存最大的单个碳吸收体,吸收了接近一半的人类在生产和生活中所释放的碳。因此,增加海洋碳汇可以直接减少大气中的二氧化碳含量,对抑制全球性的气候变暖发挥重要作用。海洋碳循环主要依赖海洋碳泵(溶解度泵、生物泵和微型生物泵)来实现碳在海洋中的迁移和形态转化,其中生物泵是指通过海洋生物或海洋生物活动完成碳在海洋表层和深海海底的传递,占海洋碳垂直通量的 67%,是公认的海洋碳循环的最关键控制过程。

海洋碳汇渔业固碳强度是海洋蓝碳的重要组成部分,相关研究发现,海洋碳汇渔业固碳

强度为延缓全球气候变化发挥了重要的碳汇功能。唐启升院士首先认定了海洋渔业的碳汇功能,通过海洋渔业生产活动可以促进海洋水生生物吸收海水中的二氧化碳,并通过捕捞物和养殖产品的收获把这些已经转化为生物产品的碳移出水体,这些碳从海水中"取出"后,该海区相对于捕捞或养殖前就明显缺碳,从而使大气中的二氧化碳向这一海域转移,海域的储碳能力增加,这是海洋渔业碳汇的固碳基础。

海洋碳汇渔业固碳强度的健康发展需要良好的海洋生态系统作为重要生境基础,海洋生态系统的损害直接导致其储存的碳被释放,对海洋植物群落的生长环境造成危害,直接降低了海洋生物链的初级生产力,进而影响海洋渔业活动对大气中二氧化碳的进一步封藏。故海洋碳汇渔业固碳强度与海洋生态环境条件密切相关。

海洋生态补偿是指运用政府和市场的手段建立起来的,以经济手段为主,通过制定利益相关者之间的环境利益、经济利益及社会利益关系的相关制度,来保持海洋生态环境的健康和海洋生态系统服务的可持续利用,实现社会的和谐发展。原国家海洋局于 2011 年在威海、连云港、深圳实行海洋生态补偿试点,具体在海洋开发活动、海洋保护区和海洋生态修复工程等方面开展海洋生态补偿的相关尝试,为改善海洋生态环境和增加海洋碳汇渔业固碳强度提供良好条件。

海洋生态补偿试点政策是改善和修复海洋生态环境,达到海洋资源可持续利用的重大举措。目前尚未有专家开展海洋生态补偿对海洋碳汇渔业固碳强度的影响的相关研究,本书通过总结现有国内外海洋生态补偿和海洋碳汇渔业固碳强度的相关文献,对海洋生态补偿和海洋碳汇渔业固碳强度的影响机制进行初步探索。

海洋生态补偿政策的本质是通过调整海洋资源开发活动中的各相关利益方的环境利益关系,让海洋生态破坏者和受益者支付相应的环境成本,使海洋生态保护和建设者得到应有的环境收益。海洋生态补偿政策对海洋碳汇渔业固碳强度的影响主要表现在(图 5-2):① 提高环保技术水平,海洋生态补偿政策实施促进海洋资源开发主体通过提高环保技术水平来避免海洋生态补偿付费,从而改善海洋生态环境,为海洋渔业发展提供良好的生境基础;② 改善海洋经济结构,海洋生态补偿有助于海洋经济向更加环保、高效的第三产业方向发展,一方面有助于海洋环境的保持,另一方面促进海洋渔业相关产品的深加工产业,延长产业链,提高贝藻产量市场需求;③ 促进海洋技术升级,海洋生态补偿可促进海洋开发活动的技术设备升级和从业人员的专业化程度,进一步更新、淘汰落后产能,在海洋渔业方面表现为创新养殖模式,提高养殖产量,从而实现海洋碳汇渔业固碳强度的提升。

第二节　模型设计

反事评价模型可以有效避免政策的内生性问题,双重差分法以所需数据较少的优势适用于本书研究,以下将对双重差分模型进行具体设计。

一、变量选择和指标设计

本书选取以下变量(表 5-2)构建海洋生态补偿试点政策双重差分评价模型。

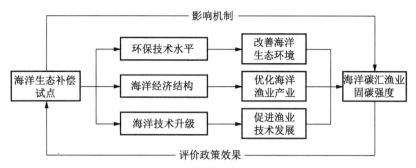

图 5-2　海洋生态补偿试点政策对海洋碳汇渔业固碳强度的影响机理

被解释变量:海洋碳汇渔业固碳强度,指通过海洋碳汇渔业生产活动促进海洋水生生物吸收的二氧化碳。海洋碳汇渔业固碳强度的发展离不开良好的海洋生态环境和健康的海洋生态系统,易受海洋生态补偿相关政策的影响。

解释变量:本书将海洋生态补偿试点政策实施的年份(2011 年)作为时间虚拟变量(Time),用来检验海洋生态补偿试点政策前后实验组和对照组的海洋碳汇渔业固碳强度的变化。同时,引入地区虚拟变量(Treated)来比较实施和未实施海洋生态补偿试点地区之间海洋碳汇渔业固碳强度的变化情况,从而有效甄别海洋生态补偿试点政策是否对不同组别产生不同影响。最后将时间虚拟变量和地区虚拟变量的交互项 did(Time×Treated)作为核心解释变量,检验实验组和对照组由于海洋生态补偿试点政策实施而引起的海洋碳汇渔业固碳强度的真实变化情况。

控制变量:结合上节中海洋生态补偿试点政策对海洋碳汇渔业固碳强度的影响机理,本书选取环保技术水平、海洋经济结构、海洋渔业技术作为控制变量,其中环保技术水平由GDP 能耗衡量,海洋经济结构由海洋第三产业占比衡量,海洋渔业技术由海洋渔业专业从业人员衡量,考虑到各地区海洋碳汇渔业固碳强度能力也在一定程度上对各地区海洋碳汇渔业固碳强度造成影响,故也将其考虑到控制变量中,利用海水养殖面积来衡量。

表 5-2　海洋生态补偿试点政策双重差分评价模型选取变量

被解释变量		解释变量		控制变量		
名称	释义	名称	释义	名称	具体指标	释义
海洋碳汇渔业固碳强度	通过海洋碳汇渔业生产活动促进海洋水生生物吸收的碳汇量	时间虚拟变量	2011 年前为 0,2011 年及以后年份为 1	环保技术水平	GDP 能耗	每产生万元 GDP 所消耗的能源
				海洋经济结构	海洋第三产业占比	海洋第三产业产值占总海洋 GDP 的比值
		地区虚拟变量	实验组为 1,处理组为 0	海洋渔业技术	海洋渔业专业从业人员数量	各地区海洋渔业专业从业人员的数量
		交互项	时间虚拟变量与地区虚拟变量的乘积	渔业碳汇能力	海水养殖面积	各地区进行海水养殖的海域面积

二、数据来源和检验处理

参考上节中海洋碳汇渔业的固碳强度的概念,总结出海洋碳汇渔业固碳强度的测算方法,本书将对具体数据的测算、来源和所涉及的所有变量检验处理进行说明。

1. 数据测算方法

海水贝类养殖碳汇测算过程。国内外对海水贝类养殖碳汇研究比较丰富,但集中于贝类养殖的可移除碳汇,即通过贝类养殖的产量来估算此部分的碳汇量。参考纪建悦等(2014)、岳冬冬等(2016)、邵桂兰等(2018)、于佐安等(2020)采用的精确性较高、可操作性强的物质量评估法对海水贝类养殖可移除碳汇进行测算,具体测算流程见图5-3。

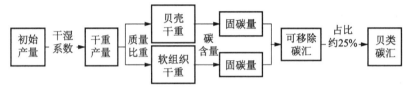

图 5-3 海水贝类养殖碳汇测算流程

参考纪建悦等(2015)、邵桂兰等(2018)的研究得到贝类碳汇测算参数(表5-3),参考张继红等(2005)的相关做法,将可移除碳汇占贝类养殖碳汇的比值估算为25%。根据2004—2017年《中国渔业年鉴》中的相关数据可求得2003—2016年中国沿海地区的海水贝类养殖碳汇强度。

表 5-3 贝类碳汇测算参数

种类	干湿系数%	质量比重%		碳含量%	
		软组织	贝壳	软组织	贝壳
蛤	52.55	1.98	98.02	44.90	11.52
扇贝	63.89	14.35	85.65	42.84	11.40
牡蛎	65.10	6.14	93.86	45.98	12.68
贻贝	75.28	8.47	91.53	44.40	11.76
蚬	70.48	3.26	96.74	44.99	13.24
其他	64.21	11.41	88.59	43.87	11.44

海水藻类养殖碳汇测算过程。中国海水养殖中海带、裙带菜、紫菜、江蓠和石莼产量占海水藻类养殖总产量的97%以上,因此在海水藻类养殖碳汇测算中将海水养殖的藻类分为海带、裙带菜、紫菜、江蓠、石莼和其他共六类(其他类为麒麟菜、石花菜、羊栖菜和其他类的总称)。具体测算流程见图5-4。

图 5-4 海水藻类养殖碳汇测算流程

参考张继红等(2005)、纪建悦等(2016)、徐敬俊等(2018)、刘错等(2019)的研究,得到藻类碳汇测算参数(表 5-4),参考纪建悦等(2016)、邵桂兰等(2019)的做法,将藻类干重比确定为 20%。根据 2004—2017 年《中国渔业年鉴》中的相关数据可求得 2003—2016 年中国沿海地区的海水藻类养殖碳汇强度。

表 5-4　藻类碳汇测算参数

种类	干湿系数	碳含量%
海带	藻类干重比为 20%	31.2
裙带菜		27.9
紫菜		27.39
江蓠		20.6
石莼		30.7
其他		27.56

考虑到藻类碳汇强度的估算中应包括 DOC 和 POC 向海水或海底沉积物的传送,参考严立文等(2011)反推的可移除碳汇占藻类实际利用碳汇比值为 76%,据此可求得 2003—2016 年中国沿海地区的海水藻类养殖可移除碳汇强度。

本书样本数据主要来源于 2004—2017 年《中国渔业统计年鉴》《中国海洋统计年鉴》《中国统计年鉴》《中国能源统计年鉴》及各沿海地区统计年鉴,部分指标数据是根据年鉴数据综合计算或处理所得,以构成 2003—2016 年中国沿海地区年度面板数据。因市级数据(威海市、连云港市、深圳市三个试点市及其对照市)难以获取,且考虑到地区内存在试点会对本省整体效果产生带动效应,故本书在双重差分法中,将实验组选择为山东、江苏和广东等 3 个试点市所在的省份,对照组包括辽宁、河北、浙江、福建、广西、海南 6 个不含试点市的省份。相关变量数据的描述性分析见本章第三节。

表 5-5　实验组和对照组选取

组别	全样本			北海区	东海区	南海区
实验组	山东	江苏	广东	山东	江苏	广东
对照组	辽宁	河北	浙江	辽宁	浙江	广西
	福建	广西	海南	河北	福建	海南

2. 平行趋势检验方法

在双重差分模型建立之前,需要先进行平行趋势检验。平行趋势检验是采用双重差分法进行政策效应评估的必要前提,只有实验组和对照组的被解释变量在政策实施前具有平行趋势,才能够降低实证结果出现偏误的概率。只有确保实验组和对照组在海洋生态补偿政策实施前具有相同的海洋碳汇渔业固碳强度,或者实验组和对照组的海洋碳汇渔业固碳强度虽然存在差异,但是该差异在海洋生态补偿政策实施前并未随着时间的推移而发生显著变化,即在政策实施前实验组和对照组的海洋碳汇渔业固碳强度存在相同趋势,检验在海洋生态补偿试点政策实施之后两个组别在海洋碳汇渔业固碳强度方面是否发生显著变化才有意义。

三、模型设定和评价方法

海洋生态补偿试点政策实施以来,对沿海地区海洋碳汇渔业固碳强度的影响既有可能来自海洋生态补偿政策所带来的政策效应,也有可能来自由时间趋势变化对海洋碳汇渔业固碳强度产生的时间效应。如何将海洋生态补偿政策的政策效应加以区分,从而正确评价海洋生态补偿试点政策对沿海地区海洋碳汇渔业固碳强度产生的影响显得尤为重要。而双重差分方法可以去除时间效应,客观有效地对试点政策的政策效应进行评价。

1. 双重差分法模型设定

参考相关文献,设定基本计量公式如下:

$$C_{i,t} = \beta_0 + \beta_1 \mathrm{did}_{i,t} + \beta_2 \mathrm{Treated} + \beta_3 \mathrm{Time} + \varphi x_{i,t} + \varepsilon_{i,t} \qquad 式(5\text{-}1)$$

其中,$C_{i,t}$ 为被解释变量,代表海洋碳汇渔业固碳强度。Treated 代表实验组别变量,表示实验组和对照组实行海洋生态补偿政策的差异,Treated 为 1 表明该地区为海洋生态补偿试点地区,Treated 为 0 表明该地区是未实施海洋生态补偿试点的地区。Time 为时间虚拟变量,海洋生态补偿试点政策实施当年(2011 年)及以后年份为 1,实施之前为 0。did 为 Treated 和 Time 的交互项,代表海洋生态补偿试点政策的实施效果;通过差分可将影响海洋碳汇渔业固碳强度的其他影响因素剔除,从而更准确地评估海洋生态补偿政策对海洋碳汇渔业固碳强度的真实影响(若 β_1 显著为正表明海洋生态补偿对海洋碳汇渔业固碳强度具有促进作用,若 β_1 显著为负则相反)。$x_{i,t}$ 为控制变量,其中将单位 GDP 能耗、海水养殖面积和海洋渔业专业从业人数进行对数转换,包括了时间固定效应和地区固定效应。β_0 代表常数项;β_2、β_3 分别代表 Treated 和 Time 的系数;$\varepsilon_{i,t}$ 代表扰动项。

为进一步评价海洋生态补偿对海洋碳汇渔业固碳强度提升时间的动态效应以及是否存在时间滞后效应,在此参考文献进行政策时间的动态效应检验。将基本模型扩展为

$$C_{i,t} = \beta_0 + \beta_1 Y_t + \beta_2 \mathrm{Treated} + \beta_3 Y_t \times \mathrm{Treated} + \varphi x_{i,t} + \varepsilon_{i,t} \qquad 式(5\text{-}2)$$

其中,Y_t 表示时间虚拟变量,本书从海洋生态补偿政策实施之后的时间虚拟变量算起,第 t 年时,Y_t 取值为 1,其他年份为 0,进一步检验海洋生态补偿试点政策实施之后对海洋碳汇渔业固碳强度影响的时间效应以及是否存在时间滞后。

在得到总体政策效应后,本书还研究了行政区划对政策效应的影响,以表 5-5 中各行政海区为研究对象,分别利用式 5-1 和 5-2 研究了各行政海区的政策效应与时间动态效应。

2. 稳健性检验方法

以上回归结果不足以证明自 2011 年以来海洋生态补偿试点政策对海洋碳汇渔业固碳强度的提升效果。在接下来的研究中,将从安慰剂检验、改变政策起点和考察窗期、增减控制变量三个方面对上述结果进行稳健性检验。

首先,本书进行了安慰剂试验,以检验上述结果的稳健性。为检验海洋生态补偿试点政策是否在 2003—2010 年产生效果,分别用 2003—2010 年各年为时间虚拟变量,记为 T_i,和政策虚拟变量相乘建立新的交互项以代替之前的交互项,进行回归检验。若新的交互项显著为正,说明海洋生态补偿试点政策已经在 2003—2010 年产生效果,即政策存在"期望效

应";若新的交互项为负或显著为负,则证明 2003—2010 年海洋碳汇渔业固碳强度并未受到海洋生态补偿试点政策的影响,说明政策效果的稳健性。

其次,本书以 2011 年为政策分界点,分别将政策实施前后的考察窗期缩短两年,即取 2005—2016 年、2007—2016 年、2003—2014 年、2003—2012 年四种政策实施的窗宽进行双重差分检验,验证政策实施不同时间段对海洋碳汇渔业固碳强度所产生影响的差异。为进一步检验实证结果的稳健性,本书将政策起点改为 2012 年,考察窗期依旧为 2003—2016 年,同时借鉴以上思路,分别将考察时期更换为 2005—2016 年、2007—2016 年、2003—2014 年、2003—2012 年 4 个时间段来进行综合的稳健性检验。若 did 系数均能保持显著为正,可证明政策效果的稳健性。

最后,本书采用增加额外控制变量和逐步减少控制变量的方法来验证结果的稳健性。将沿海城市工业废水入海排放量加入控制变量,若加入沿海城市工业废水入海排放量这一控制变量后 did 回归结果仍显著为正,可证明政策效果的稳健性。另外,通过逐步减少控制变量的方法,若 did 系数仍保持显著为正,则可进一步证明本书研究结果的稳健性。

3. 影响机制检验方法

为了检验海洋生态补偿试点政策对海洋碳汇渔业固碳强度提升的具体机制,本书分别以上述控制变量为因变量,采用双重差分法进一步估计海洋生态补偿政策对这些控制变量的影响,公式如下:

$$X_{i,t} = \alpha_0 + \alpha_1 \times \mathrm{did}_{i,t} + \lambda_i + \tau_t + \varepsilon_{i,t} \qquad 式(5\text{-}3)$$

其中,$X_{i,t}$ 为控制变量(lnGES、PMTI、lnN、lnA)的矩阵向量;did 为时间虚拟变量和政策虚拟变量的交互项,代表海洋生态补偿试点政策的实施效果;λ_i 是地区固定效应;τ_t 为地区不变时的时间固定效应;$\varepsilon_{i,t}$ 是随机扰动项;α_0 代表常数项;α_1 代表交互项的系数。

为明确各控制变量的影响机制的时间动态效应,参考文献和式 5-2 进行影响机制的动态效应检验。具体公式为

$$X_{i,t} = \beta_0 + \beta_1 Y_t + \beta_2 \mathrm{Treated} + \beta_3 Y_t \times \mathrm{Treated} + \varepsilon_{i,t} \qquad 式(5\text{-}4)$$

其中,Y_t 表示时间虚拟变量,本书从海洋生态补偿政策实施之后的时间虚拟变量算起,第 t 年时,Y_t 取值为 1,其他年份为 0,来进一步检验海洋生态补偿试点政策实施之后各控制变量影响机制的时间效应以及是否存在时间滞后。

按照表 5-5 中的各行政海区的影响机制,可分别利用式 5-3 和式 5-4 研究各行政海区的影响机制效应和时间动态效应。

第三节　变量描述和平行趋势检验

在正式进行双重差分模型回归之前,本书先对求得的被解释变量——中国海洋碳汇渔业的固碳强度进行初步分析,并对所有基础数据进行描述性分析和平行趋势检验。

一、被解释变量分析

本书选取中国海洋碳汇渔业的固碳强度作为被解释变量,根据上节中海洋碳汇渔业的

固碳强度的计算方法,计算 2003—2016 年中国沿海地区的海洋碳汇渔业的固碳强度。需要说明的是,测算不包含港澳台地区,且上海市和天津市作为直辖市,养殖规模较小,在进行分析和其他沿海地区对比时易存在较大误差,因此本书将上海市和天津市剔除,仅保留省份数据。具体结果如下。

1. 中国海洋碳汇渔业的固碳强度分析

通过贝类碳汇计算公式和《中国渔业年鉴》相关数据可计算出 2003—2016 年中国沿海地区的海水贝类养殖固碳强度、藻类养殖固碳强度,进而求得中国海洋碳汇渔业的固碳强度,具体结果见图 5-5、图 5-6、图 5-7。从整体来看,各地区海水贝类养殖和藻类养殖的固碳强度差异较大;海水贝类养殖固碳强度对海洋碳汇渔业固碳强度的贡献较大,且二者变化趋势基本保持一致。2016 年中国海洋碳汇渔业固碳强度总量 885 万吨以上,其中山东、福建、辽宁、广东的海洋碳汇渔业固碳强度最高,成为对中国海洋碳汇渔业固碳强度贡献最大的四个沿海省份。

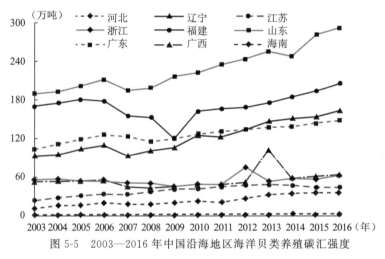

图 5-5 2003—2016 年中国沿海地区海洋贝类养殖碳汇强度

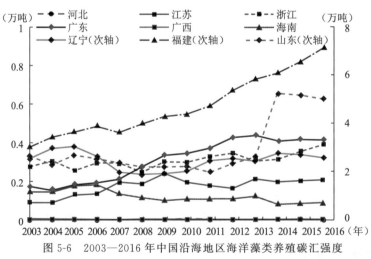

图 5-6 2003—2016 年中国沿海地区海洋藻类养殖碳汇强度

从养殖品种的碳汇总量来看,中国海洋贝类养殖的固碳强度比藻类固碳强度大两个数

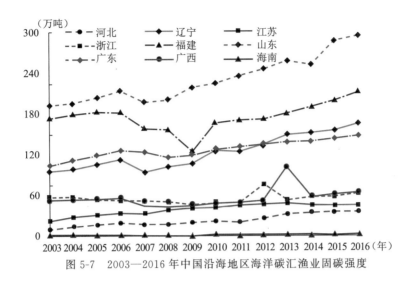

图 5-7　2003—2016 年中国沿海地区海洋碳汇渔业固碳强度

量级,其中 2003—2016 年全国海洋贝类养殖平均每年的固碳强度 881 万吨以上,对中国海洋碳汇渔业固碳强度的贡献最大。在海水贝类养殖固碳强度方面,各地区随时间总体呈现增长趋势,其中山东、福建、广东、辽宁四省的海水贝类养殖固碳强度在全国范围内处于先进水平,山东省始终位于全国前列。在海洋藻类养殖固碳强度方面,各地区随时间变化趋势差异较大,尤以福建、辽宁和山东的海水藻类养殖固碳强度表现比较突出,和其他地区保持较大差距。总体来看,各地区海洋碳汇渔业的固碳强度主要受自身海水养殖面积和养殖种类的影响,表现出较强的地区差异性。

2. 中国海洋碳汇渔业固碳强度转化比分析

碳汇转化比是进一步衡量某地区固碳强度的重要指标,本书的海洋碳汇渔业碳汇转化比定义为该地区将海水养殖产量转化为海洋碳汇渔业固碳强度的能力,即海洋碳汇渔业固碳强度与海水养殖总产量的比值。各地区的海洋碳汇渔业的碳汇转化比是该地区海水养殖业的碳汇转化技术和海水养殖结构的综合体现。

根据对各海水养殖品种的碳汇转化效率的分析发现,海水贝类养殖的碳汇转化效率显著高于养殖藻类。海水贝类养殖的海水养殖产量和高碳汇转化比直接导致海水贝类养殖逐渐发展成为中国海水养殖业中固碳强度最高、发展潜力最大的产业。2003—2016 年中国沿海地区的海洋碳汇渔业的平均碳汇转化比见图 5-8。

从不同地区的海洋碳汇渔业平均碳汇转化比来看,中国海洋碳汇渔业的平均碳汇转化比在 34.5% 左右,各个地区的海水贝类养殖碳汇转化比一般在 35%～39% 之间,海水养殖藻类碳汇转化比一般在 5%～8% 之间(河北省未养殖藻类,故为 0)。平均来看,中国海水藻类养殖的固碳强度仅占总强度的 17%,选择碳汇转化比高的海水贝类养殖显然能够有效提升地区的海洋碳汇渔业的碳汇转化比,而偏向于海水藻类养殖的养殖结构则会降低海洋碳汇渔业的碳汇转化比。海南海洋碳汇渔业的碳汇转化比最低,仅为 24.58%;河北、浙江、广东和广西的海洋碳汇渔业的碳汇转化比较高,均大于 36%,原因是海水养殖藻类的养殖规模较小。

3. 中国海洋碳汇渔业固碳强度区域差异

与前文研究相对应,本书进一步分析了按行政海区分类的北海区、东海区、南海区的海

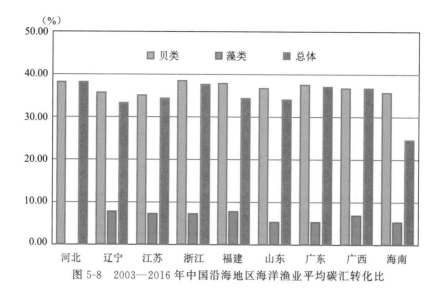

图 5-8　2003—2016 年中国沿海地区海洋渔业平均碳汇转化比

洋碳汇渔业固碳强度区域差异,可以得到中国各行政海区的海洋碳汇渔业固碳强度和碳汇转化比的时空分布规律,具体见图 5-9、图 5-10。

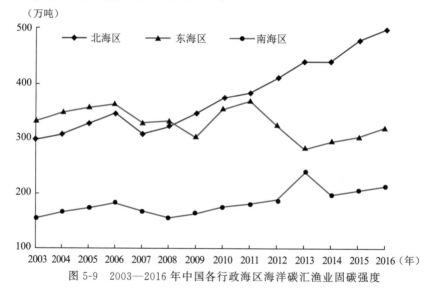

图 5-9　2003—2016 年中国各行政海区海洋碳汇渔业固碳强度

　　从总量来看,三个海区的海洋碳汇渔业固碳强度为北海区＞东海区＞南海区,海洋碳汇渔业的碳汇转化比为南海区＞东海区＞北海区,呈现出完全相反的情况。从时间趋势来看,在海洋碳汇渔业固碳强度方面,北海区和南海区呈上升趋势,其中北海区海洋碳汇渔业固碳强度上升速度较快,在所有海域中保持领先且差距逐年增大,而东海区呈现出较强的波动性;在海洋碳汇渔业的碳汇转化比方面,南海区基本保持不变、北海区保持稳中有升,东海区则呈下降趋势。海洋碳汇渔业的碳汇转化比最主要的影响因素为海水养殖种类结构,东海区海水藻类养殖比例逐年增大,使得碳汇转化比有所降低,但需要意识到海水藻类养殖除了碳汇功能外,还具有较好的改善水质、增加海水中的氧气含量和为海洋水生动物提供必要的生存环境的重要功能,其对海洋生态环境具有很强的正向外部性效应。

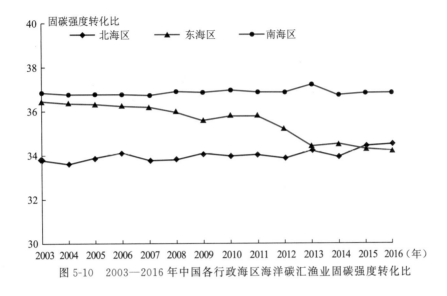

图 5-10　2003—2016 年中国各行政海区海洋碳汇渔业固碳强度转化比

二、变量的描述性分析

对实验组、对照组和整个样本的主要变量数据进行描述性统计,样本数量、均值、标准差、最大值和最小值如表 5-6 所示。实验组的渔业碳汇强度高于对照组(实验组均值为 132.456,对照组均值为 72.590),这一结果初步表明,实验组和对照组的海洋碳汇渔业固碳强度存在一定差异。

表 5-6　主要变量描述性统计

变量	分类	数量	均值	标准差	最大值	最小值
渔业碳汇强度 C (万吨)	实验组	42	132.456	82.016	297.114	23.530
	对照组	84	72.590	61.692	213.041	1.150
	全样本	126	92.545	74.406	297.114	1.150
GDP 能耗 lnGES (吨标准煤/万元)	实验组	42	−0.354	0.342	0.290	−0.951
	对照组	84	−0.142	0.410	0.769	−0.846
	全样本	126	−0.212	0.400	0.769	−0.951
海洋第三产业占比 PMTI (%)	实验组	42	44.031	9.488	57.600	15.478
	对照组	84	45.665	10.271	59.900	9.036
	全样本	126	45.120	10.008	59.900	9.036
海洋渔业专业从业人数 lnN (万人)	实验组	42	3.258	0.614	3.866	2.297
	对照组	84	2.903	0.720	3.877	1.238
	全样本	126	3.021	0.705	3.877	1.238
海水养殖面积 lnA (万公顷)	实验组	42	3.241	0.614	4.031	2.696
	对照组	84	2.256	1.117	4.545	−0.092
	全样本	126	2.584	1.054	4.545	−0.092

三、模型的平行趋势检验

为准确地识别海洋生态补偿试点政策对海洋碳汇渔业固碳强度的提升作用,在进行双重差分模型估计之前,本书考察了 2003—2016 年的样本数据是否满足平行趋势假设,即在海洋生态补偿试点政策之前,检验实验组和对照组的海洋碳汇渔业固碳强度趋势是否一致。为此,本书绘制出 2003—2016 年实验组和对照组的海洋碳汇渔业固碳强度值,得到如图 5-11 所示的趋势图。

可以看出,开展海洋生态补偿试点的海洋碳汇渔业固碳强度总体上高于未开展地区。在 2011 年海洋生态补偿试点政策实施之前,实验组和对照组的海洋碳汇渔业固碳强度基本呈平行趋势,随时间未发生系统性差异(下文的内容可印证此结论),这一结果表明本书选取的被解释变量满足使用双重差分法的前提条件,可以用双重差分模型来对海洋生态补偿试点政策的效应进行有效分析。

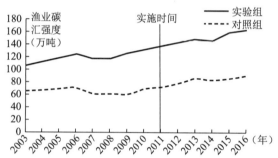

图 5-11　海洋生态补偿试点前后海洋碳汇渔业固碳强度的变化趋势

第四节　回归结果分析

一、基本回归结果分析

使用双重差分方法检验海洋生态补偿对海洋碳汇渔业固碳强度的影响,检验结果见表 5-7。首先将被解释变量做基本双重差分法回归(模型 1,无固定时间和地区效应,未加控制变量),与对照组相比,实验组海洋碳汇渔业固碳强度上升 13.281,但可能由于遗漏其他变量,结果并不显著。在加入 GDP 能耗、海洋第三产业占比、海水养殖面积及海洋渔业专业从业人员数量等控制变量后(模型 3),政策效应增加至 26.654 并变得显著(显著水平为 5%),拟合优度从 0.147 大幅提高至 0.790,说明海洋碳汇渔业固碳强度受到控制变量影响,在加入控制变量后,存在显著的政策效应。在固定时间和地区效应后(模型 2,未加入控制变量),实验组海洋碳汇渔业固碳强度变为 13.281,政策效果在 1% 的显著水平上显著,但拟合优度较低;从模型 1,2 对比可知,海洋碳汇渔业固碳强度存在一定的时间变化趋势,故在控制时间效应后,其回归结果由不显著变为显著。在此基础上加入控制变量(模型 4),政策效应显著提高至 27.054 并依旧稳健,拟合优度较高。以上结果表明,海洋生态补偿试点政策显著提高了海洋碳汇渔业固碳强度,在控制变量及固定时间和地区效应的条件下,2003—2016年因实施海洋生态补偿试点政策导致试点地区的海洋碳汇渔业固碳强度提升了 27.054 万吨。在双重差分方法下,该结论有效地克服了海洋生态补偿政策的内生性问题。

表 5-7 基本回归检验结果

变量	模型 1	模型 2	模型 3	模型 4
交互项 did	13.281 (0.449)	13.281＊＊＊ (0.037)	26.654＊＊ (2.003)	27.054＊＊＊ (4.649)
时间 Time	16.951 (1.217)		25.424＊＊＊ (2.783)	
实验组别变量 Treated	54.174＊＊＊ (3.212)	54.174＊＊＊ (16.994)	11.624 (1.134)	22.993＊＊＊ (3.185)
GDP 能耗 lnGES			53.836＊＊＊ (3.734)	91.978＊＊＊ (9.507)
海洋第三产业占比 PMTI			0.266 (0.707)	−0.509 (−1.733)
海洋渔业专业 从业人员数量 lnN			71.397＊＊＊ (13.515)	84.130＊＊＊ (13.109)
海水养殖面积 lnA			23.673＊＊＊ (7.661)	14.076＊＊＊ (4.371)
时间固定	否	是	否	是
地区固定	否	是	否	是
常数项	65.325＊＊＊ (7.916)	72.590＊＊＊ (109.658)	203.518＊＊＊ (−8.823)	167.267＊＊＊ (−11.416)
N	126	126	126	126
With R²	0.147	0.137	0.790	0.815

注:括号内数值为 t 值,采用聚类稳健标准误计算;＊、＊＊、＊＊＊分别表示参数估计值在 10％、5％、1％的水平上显著。

在控制变量方面,GDP 能耗和海洋渔业专业从业人员数量对海洋碳汇渔业固碳强度有显著的正向影响,第三产业比重对海洋碳汇渔业固碳强度影响不显著,这与第一节的机理分析基本一致。海水养殖面积对海洋碳汇渔业固碳强度有显著的正向影响,说明海水养殖面积的增加确实通过提高海水养殖产量的方式推动了海洋碳汇渔业固碳强度的提升,在固定时间和地区效应的条件下,海水养殖面积每增加 1％,可以使海洋碳汇渔业固碳强度增加14.076 万吨。

二、政策的时间效应检验

为进一步评价海洋生态补偿对海洋碳汇渔业固碳强度提升时间的动态效应以及是否存

在时间滞后效应,利用上文模型对政策效果进行时间的动态效应检验,分析政策的时间效应及是否存在时间滞后。具体结果见表5-8。

从表中可以看出,在固定时间和地区效应条件下,不论是否加入控制变量,$Y_t \times \text{Treated}$的系数都在5%的显著水平下显著为正,表明2011年出台海洋生态补偿试点政策后,这些试点地区的海洋碳汇渔业固碳强度相比非试点地区有着显著的提升,海洋生态补偿试点政策的动态边际效应持续显著。从系数的具体值看出,这种政策的动态边际效果具有一定的波动,但整体呈上升趋势。

表5-8 海洋生态补偿政策效应的时间趋势检验

指标	模型1	模型2
Treated	54.174 * * * (16.645)	23.246 * * * (3.176)
$Y_{2011} \times \text{Treated}$	14.034 * * * (4.312)	23.290 * * * (5.080)
$Y_{2012} \times \text{Treated}$	11.036 * * * (3.391)	20.740 * * * (4.270)
$Y_{2013} \times \text{Treated}$	7.847 * * (2.411)	20.854 * * * (4.539)
$Y_{2014} \times \text{Treated}$	9.224 * * (2.834)	23.054 * * * (4.545)
$Y_{2015} \times \text{Treated}$	19.009 * * * (5.840)	40.017 * * * (8.115)
$Y_{2016} \times \text{Treated}$	18.535 * * * (5.695)	34.886 * * * (7.305)
控制变量	否	是
时间固定	是	是
地区固定	是	是
常数项	72.590 * * * (117.091)	−168.363 * * * (−11.119)
N	126	126
R²	0.101	0.808

注:括号内数值为t值,采用聚类稳健标准误计算;*、* *、* * *分别表示参数估计值在10%、5%、1%的水平上显著。

三、典型区域回归结果分析

为进一步研究海区区划对海洋生态补偿政策效果的影响,按照目前中国海洋管理系统划分的北海(辽宁、天津、河北、山东)、东海(江苏、浙江、上海、福建)、南海(广东、广西、海南)三个海区进行分类,计算三个海区各试点地区(北海区为山东、东海区为江苏、南海区为广东)的海洋生态补偿政策对海洋碳汇渔业固碳强度的影响,具体如表5-9所示。

表 5-9 显示,不管是否加入控制变量,政策实施变量 did 在北海区和南海区显著为正,即海洋生态补偿政策在北海区、南海区对海洋碳汇渔业固碳强度的影响显著为正,且北海区的海洋补偿政策对海洋碳汇渔业固碳强度的提升影响较大,在控制变量情况下该地区海洋碳汇渔业固碳强度提高 37.655 万吨,比南海区高 20.4 万吨。而东海区的政策实施变量不显著,即在东海区实施海洋生态补偿政策未对海洋碳汇渔业固碳强度产生显著影响。可能的原因包括:① 东海区的试点地区江苏对海洋生态补偿政策的实施力度不够,对海洋生态补偿的控制指标的投入力度较小,与海洋碳汇渔业固碳强度提升所需的条件差距较大。② 对照地区(浙江和福建)本身的渔业基础能力较强,如浙江拥有中国最大的渔场——舟山渔场,福建拥有的闽东渔场和闽南-台湾浅滩渔场位列中国十大渔场,较为完善、规模化的渔业设施和系统化的管理体制在很大程度上提高了海洋渔业单产水平,进一步提升了海洋碳汇渔业固碳强度,这一点通过三地区的渔业养殖面积(江苏＞福建＞浙江)和海洋碳汇强度(福建＞浙江＞江苏)得到验证。

表 5-9　三个行政海区的回归结果比较

指标	北海区		东海区		南海区	
	模型 1	模型 2	模型 3	模型 4	模型 5	模型 6
交互项 did	29.303 * * *	37.665 * * *	−2.820	−13.906	13.360 * *	17.342 * * *
	(6.516)	(8.033)	(7.049)	(12.286)	(5.027)	(5.271)
实验组别变量 Treated	144.769 * * *	100.047 * * *	−75.138	108.303 * *	92.892 * * *	−25.423
	(2.104)	(14.785)	(5.803)	(40.181)	(3.089)	(29.136)
GDP 能耗 lnGES		−4.592		−176.635		−47.2543
		(28.226)		(168.802)		(49.704)
海洋第三产业占比 PMTI		0.267		1.665 * * *		−0.597 *
		(0.433)		(0.515)		(0.292)
海洋渔业专业从业人员数量 lnN		6.634		173.108 * * *		18.918 *
		(9.718)		(31.028)		(10.439)
海水养殖面积 lnA		52.493 * * *		90.024 * * *		46.443 * * *
		(11.663)		(27.973)		(9.214)
时间固定	是	是	是	是	是	是
地区固定	是	是	是	是	是	是
常数项	73.484 * * *	−123.175 * * *	115.475 * * *	−886.466 * * *	28.811 * * *	−57.146 *
	(0.968)	(19.055)	(1.244)	(144.821)	(0.817)	(26.881)
N	42	42	42	42	42	42
R²	0.748	0.993	0.308	0.937	0.790	0.979

注:括号内数值为 t 值,采用聚类稳健标准误计算;*、* *、* * * 分别表示参数估计值在 10%、5%、1%的水平上显著。

从控制变量来看,各海区的海水养殖面积都与海洋碳汇渔业固碳强度有着显著的正向影响,这与全国整体讨论结果一致,各海区的 GDP 能耗与海洋碳汇渔业固碳强度负相关但影响不显著。北海区的海洋渔业专业从业人员数量和海洋第三产业占比与海洋碳汇渔业固碳强度正相关但不显著。东海区海洋渔业专业从业人员数量和海洋第三产业占比与海洋碳汇渔业固碳强度有着显著的正向影响,海洋渔业专业从业人员数量每增加1%,会使海洋碳汇渔业固碳强度增加1.731万吨,海洋第三产业占比每增加1%,会使海洋碳汇渔业固碳强度增加0.017万吨。南海区的海洋渔业专业从业人员数量与海洋碳汇渔业固碳强度有着显著的正向影响,海洋渔业专业从业人员数量每增加1%,会使海洋碳汇渔业固碳强度增加0.189万吨;海洋第三产业占比与海洋碳汇渔业固碳强度有着显著的负向影响,海洋第三产业占比每增加1%,会使海洋碳汇渔业固碳强度减少0.006万吨。

四、典型区域时间效应检验

为进一步明确各行政海区海洋生态补偿试点政策的时间动态效应以及是否存在时间滞后效应,在此对各海区进行政策的时间效应检验,具体结果见表5-10。可得出以下结论。

(1)北海区在固定时间和地区效应条件下,不论是否加入控制变量,$Y_t \times$ Treated 的系数都在1%的显著水平下显著为正,表明北海区的海洋碳汇渔业固碳强度受到海洋生态补偿试点政策的显著影响,且政策效果的动态边际效应持续显著。从控制变量来看,海洋碳汇渔业固碳强度受到海洋第三产业占比和海水养殖面积的显著正向推动作用,受海水养殖面积的影响较大;海洋碳汇渔业固碳强度受 GDP 能耗和海洋渔业专业从业人员数量的影响不显著。

表 5-10　三个行政海区的时间动态效应

指标	北海区		东海区		南海区	
	模型 1	模型 2	模型 3	模型 4	模型 5	模型 6
Treated	144.769 * * *	116.416 * * *	−75.138 * * *	123.200 * *	92.892 * * *	−20.306
	(64.246)	(5.128)	(−12.091)	(2.957)	(28.081)	(−0.668)
$Y_{2011} \times$ Treated	19.030 * * *	25.022 * * *	10.096	−35.438 * * *	12.976 * * *	14.478 * * *
	(8.445)	(0.073)	(1.625)	(−3.114)	(3.923)	(3.973)
$Y_{2012} \times$ Treated	20.878 * * *	27.585 * * *	−2.721	−15.480	14.953 * * *	18.623 * * *
	(9.265)	(3.892)	(−0.438)	(−1.167)	(4.520)	(5.163)
$Y_{2013} \times$ Treated	23.556 * * *	32.406 * * *	5.842	−0.792	−5.856	−0.469
	(10.453)	(5.973)	(0.940)	(−0.061)	(−1.770)	(−0.153)
$Y_{2014} \times$ Treated	14.478 * * *	24.365 * * *	−2.673	0.087	15.866 * * *	22.851 * * *
	(6.425)	(4.762)	(−0.430)	(0.007)	(4.796)	(6.366)
$Y_{2015} \times$ Treated	46.805 * * *	0.545 * * *	−9.905	−7.304	20.126 * * *	33.512 * * *
	(20.771)	(0.050)	(−1.594)	(−0.577)	(6.084)	(4.862)
$Y_{2016} \times$ Treated	51.070 * * *	60.889 * * *	−17.558 * *	−17.511	22.094 * * *	30.752 * * *
	(22.664)	(7.991)	(−2.825)	(−1.568)	(6.679)	(6.856)
GDP 能耗 lnGES		52.397		−173.249		−20.377
		(0.898)		(−0.937)		(−0.393)
海洋第三产业占比 PMTI		0.523 *		1.791 * * *		−0.569 *
		(1.812)		(3.309)		(−1.919)

指标	北海区		东海区		南海区	
	模型 1	模型 2	模型 3	模型 4	模型 5	模型 6
海洋渔业专业 从业人员数量 lnN		8.939 (1.329)		182.149＊＊＊ (5.452)		23.684＊ (1.958)
海水养殖面积 lnA		55.965＊＊＊ (5.062)		82.011＊＊ (2.872)		44.061＊＊＊ (4.868)
地区固定	是	是	是	是	是	是
控制变量	是	是	是	是	是	是
常数项	73.484＊＊＊ (171.206)	−165.567＊＊＊ (−4.309)	115.475＊＊＊ (97.552)	−904.259＊＊＊ (−5.693)	28.811＊＊＊ (45.725)	−61.421＊ (−2.008)
N	42	42	42	42	42	42
R²	0.714	0.995	0.208	0.931	0.763	0.981

注：括号内数值为 t 值，采用聚类稳健标准误计算；＊、＊＊、＊＊＊分别表示参数估计值在 10%、5%、1%的水平上显著。

（2）东海区在固定时间和地区效应条件下，未加入控制变量时，2011—2015 年的交互项系数波动较大且不显著，2016 年交叉项系数显著为负，表示东海区的海洋生态补偿试点政策在 2011—2015 年并未发挥对海洋碳汇渔业固碳强度的作用，在 2016 年则显著降低了试点地区的海洋碳汇渔业固碳强度；表明在未加入控制变量时，东海区的海洋生态补偿试点政策存在时滞性，这一结论在一定程度上解释了表 5-10 模型 3 中东海区政策效应不显著的原因。在加入控制变量后，2011 年交叉项显著为负，说明东海区海洋生态补偿试点政策在 2011 年显著降低了试点地区的海洋碳汇渔业固碳强度，2012—2016 年交叉项不显著，代表海洋生态补偿试点政策未在这一时期对海洋碳汇渔业固碳强度造成影响。从控制变量来看，东海区海洋碳汇渔业固碳强度显著受到海洋第三产业占比、海洋渔业专业从业人员数量和海水养殖面积的正向影响，且受海洋渔业专业从业人员数量的影响最大；海洋碳汇渔业固碳强度与 GDP 能耗呈负相关但影响不显著。

（3）南海区在固定时间和地区效应条件下，不论是否加入控制变量，除 2013 年外，$Y_t \times$ Treated 的系数都在 1%的显著水平下显著为正，表明南海区的海洋碳汇渔业固碳强度受到海洋生态补偿试点政策的显著推动，但政策的时间动态效应不够持续。从控制变量来看，海洋碳汇渔业固碳强度显著受到海洋渔业专业从业人员数量和海水养殖面积的正向影响，且受海水养殖面积影响较大；海洋第三产业占比显著降低了海洋碳汇渔业固碳强度，但影响程度较小，海洋第三产业占比每提高 1%，海洋碳汇渔业固碳强度降低 0.569 万吨；海洋碳汇渔业固碳强度与 GDP 能耗呈负相关但影响不显著。

第五节　稳健性检验

为检验上述结果的稳健性，本书采用第二节中第三部分的相关方法，分别从安慰剂检验、改变政策起点和考察窗期、增减控制变量三个方面开展政策效果的稳健性检验。主要内容如下。

一、安慰剂检验

首先开展安慰剂检验,为检验海洋生态补偿政策是否在 2003—2010 年产生效果,分别用 2003—2010 年各年为时间虚拟变量,记为 Ti,和政策虚拟变量 Treated 相乘建立新的交互项代替之前的交互项,进行回归检验,回归结果见表 5-11。

从表中可知,除 2009 年外,其他 7 个交互项的系数均显著为负,说明在 2003—2010 年,海洋生态补偿政策并没有促进海洋碳汇渔业固碳强度,这也在一定程度上印证了上文共同趋势检验的准确性;负系数表明,2003—2010 年实验组的海洋碳汇渔业固碳强度比对照组低,这一效应在 2003—2010 年(2009 年除外)是显著的。从控制变量来看,其系数与基准回归(表 5-7 模型 4)基本保持一致,2003—2010 年,海洋碳汇渔业固碳强度受 GDP 能耗和海洋渔业专业从业人员数量影响较大。海洋生态补偿试点政策对海洋碳汇渔业固碳强度的影响通过了安慰剂检验。

表 5-11 安慰剂检验结果

指标	模型 1	模型 2
Treated	67.455 * * * (35.500)	49.863 * * * (14.761)
$T_{2003} \times$ Treated	−26.199 * * * (−13.788)	−44.758 * * * (−12.670)
$T_{2004} \times$ Treated	−22.883 * * * (−12.042)	−45.997 * * * (−12.323)
$T_{2005} \times$ Treated	−18.326 * * * (−9.644)	−28.696 * * * (−7.987)
$T_{2006} \times$ Treated	−13.677 * * * (−7.198)	−22.295 * * * (−5.577)
$T_{2007} \times$ Treated	−10.699 * * * (−5.631)	−27.254 * * * (−6.241)
$T_{2008} \times$ Treated	−11.356 * * * (−5.976)	−19.931 * * * (−5.116)
$T_{2009} \times$ Treated	−1.923 (1.012)	−4.483 (−1.248)
$T_{2010} \times$ Treated	−5.031 * * (−2.648)	−21.475 * * * (−6.075)
GDP 能耗 lnGES		90.995 * * * (9.034)

续表

指标	模型1	模型2
海洋第三产业占比 PMTI		−0.632＊＊ （−2.166）
海洋渔业专业 从业人员数量 lnN		84.823＊＊＊ （12.899）
海水养殖面积 lnA		13.700＊＊＊ （4.042）
时间固定	是	是
地区固定	是	是
常数项	72.590＊＊＊ （0.003）	−162.808＊＊＊ （−10.514）
N	126	126
R^2	0.152	0.823

注：括号内数值为 t 值，采用聚类稳健标准误计算；＊、＊＊、＊＊＊分别表示参数估计值在10％、5％、1％的水平上显著。

二、改变政策起点和考察窗期检验

通过改变政策起点和考察窗期进行稳健性检验。首先以2011年为政策分界点，分别将政策实施前后的考察窗期缩短两年，即取2005—2016年、2007—2016年、2003—2014年、2003—2012年四种政策实施的窗宽进行双重差分检验，验证政策实施不同时间段对海洋碳汇渔业固碳强度所产生影响的差异，结果见表5-12。结果显示：① 窗宽改变没有改变海洋生态补偿实施效果的有效性，稳健地表明海洋生态补偿政策的实施确实有助于提升试点地区的海洋碳汇渔业固碳强度；② 从系数显著性来看，各窗宽的核心解释变量的回归系数都在5％的显著性水平上通过检验。

其次，将政策起点改为2012年，考察窗期依旧为2003—2016年，同时借鉴以上思路，分别将考察窗期更换为2005—2016年、2007—2016年、2003—2014年、2003—2012年4个时间段来进行综合的稳健性检验，具体结果见表5-13。可以发现，不管是否改变政策起点和考察窗期，did的系数都为正，且都在10％的显著性水平上通过检验，表明本书的结果稳健。

表5-12　改变政策考察窗期的效果对比

政策窗期	2005—2016年	2007—2016年	2003—2014年	2003—2012年
	模型1	模型2	模型3	模型4
交互项 did	19.600＊＊＊ （3.357）	17.256＊＊ （2.263）	21.409＊＊＊ （4.444）	21.239＊＊＊ （4.507）
Treated	31.913＊＊＊ （4.614）	33.030＊＊＊ （3.684）	26.615＊＊＊ （3.604）	29.007＊＊＊ （3.704）

续表

政策窗期	2005—2016 年	2007—2016 年	2003—2014 年	2003—2012 年
	模型 1	模型 2	模型 3	模型 4
控制变量	是	是	是	是
时间固定	是	是	是	是
地区固定	是	是	是	是
常数项	−144.494＊＊＊ （−5.971）	−138.723＊＊＊ （−3.551）	−159.626＊＊＊ （−14.001）	−159.179＊＊＊ （−15.803）
N	108	90	108	90
R^2	0.851	0.865	0.819	0.807

注：括号内数值为 t 值，采用聚类稳健标准误计算；＊、＊＊、＊＊＊分别表示参数估计值在 10％、5％、1％的水平上显著。

表 5-13　改变政策起点为 2012 年和考察窗期的效果对比

政策窗期	2003—2016 年	2005—2016 年	2007—2016 年	2003—2014 年	2003—2012 年
	模型 1	模型 2	模型 3	模型 4	模型 5
交互项 did	25.212＊＊＊ （4.014）	17.739＊＊＊ （2.788）	14.887＊ （1.892）	18.330＊＊＊ （3.686）	17.373＊＊＊ （3.536）
Treated	25.530＊＊＊ （3.418）	34.293＊＊＊ （4.810）	35.938＊＊＊ （4.085）	29.072＊＊＊ （3.802）	31.404＊＊＊ （3.891）
控制变量	是	是	是	是	是
时间固定	是	是	是	是	是
地区固定	是	是	是	是	是
常数项	−167.210＊＊＊ （−11.148）	−143.537＊＊＊ （−5.898）	−137.689＊＊＊ （−3.515）	−159.285＊＊＊ （−13.514）	−158.803＊＊＊ （−14.988）
N	126	108	90	108	90
R^2	0.823	0.851	0.865	0.817	0.805

注：括号内数值为 t 值，采用聚类稳健标准误计算；＊、＊＊、＊＊＊分别表示参数估计值在 10％、5％、1％的水平上显著。

三、增减控制变量检验

通过增加额外控制变量和逐步减少控制变量的方法来验证结果的稳健性。首先，将沿海城市工业废水入海排放量加入控制变量，将表 5-14 中模型 1 与表 5-7 中模型 4 对比可看出，did 系数显著为正，通过了稳健性检验。通过逐步减少控制变量（模型 2,3,4），did 系数持续为正，从系数显著性来看，其都在 1％的显著性水平上通过检验。以上结果均可证明本书结果的稳健性。

总之，通过此部分研究可以发现，海洋生态补偿试点政策对海洋碳汇渔业固碳强度的影响通过了安慰剂检验，同时不论政策起点和考察窗期是否改变，也不论是否加入控制变量，did 的系数都为正，且都在 10％的水平上显著，证明上文结果的稳健性。

表 5-14 增减控制变量检验结果

指标	模型 1	模型 2	模型 3	模型 4
交互项 did	16.472 * * (2.391)	22.293 * * * (4.050)	23.632 * * * (5.160)	15.027 * * * (3.921)
Treated	37.735 * * * (4.058)	−4.314 (−0.746)	−4.457 (−0.912)	7.145 (1.674)
GDP 能耗 lnGES	113.841 * * * (9.752)			
海洋第三产业占比 PMTI	−1.133 (−1.764)	−0.767 * * (−2.502)		
海洋渔业专业 从业人员数量 lnN	91.951 * * * (12.464)	62.305 * * * (14.191)	58.939 * * * (15.641)	
海水养殖面积 lnA	6.037 (0.912)	31.724 * * * (15.410)	33.733 * * * (22.135)	46.989 * * * (24.608)
沿海城市工业 废水入海排放量 lnDW	3.834 * (1.857)			
时间固定	是	是	是	是
地区固定	是	是	是	是
常数项	−162.786 * * * (−4.755)	−144.806 * * * (−9.538)	−174.699 * * * (−13.106)	−33.421 * * * (−7.729)
N	126	126	126	126
R^2	0.860	0.786	0.781	0.512

注:括号内数值为 t 值,采用聚类稳健标准误计算;* 、* * 、* * * 分别表示参数估计值在 10%、5%、1%的水平上显著。

第六节 影响机制检验

采用上文中的研究思路,分别以所有控制变量为因变量,采用双重差分法进一步估计海洋生态补偿试点政策对这些控制变量的影响,进而明确海洋生态补偿试点政策的影响机制,并对机制的时间动态效应进行具体分析。

一、总体影响机制及时间动态效应检验

首先,估计海洋生态补偿试点政策的总体影响机制,结果见表 5-15。在表中,交叉项 did 和 $Y_t \times$ Treated 为本书的重点观察对象,其代表了海洋生态补偿试点政策对于各海洋碳汇渔业固碳强度增长驱动要素的净影响。

从表中可以看出,以 GDP 能耗、海洋第三产业占比和海水养殖面积为因变量的模型中(模

型1,3,7),核心解释变量 did 均不显著,表明海洋生态补偿试点政策的实施,没有改变它们的双重差分值,即海洋生态补偿试点政策对它们都没有显著效应,这也在一定程度上验证了上文双重差分结果的稳健性(更换被解释变量,did 系数不显著)。从处理效应系数(Treated)来看,GDP 能耗显著为负,海洋渔业专业从业人员数量和海洋养殖面积显著为正,说明实验组的GDP 能耗显著低于对照组,海洋渔业专业从业人员数量和海洋养殖面积则显著高于对照组。为此,对照组地区应进一步调整能源结构,促进绿色能源的运用和发展,加强提升海洋渔业专业从业人员数量和增大海水养殖面积来实现海洋碳汇渔业固碳强度的提升。

在以海洋渔业专业从业人员数量为因变量的模型(模型 5)中,核心解释变量 did 显著为负,即表明海洋生态补偿试点政策在一定程度上降低了海洋渔业专业从业人员数量。结合前文的分析结果,海洋渔业专业从业人员数量与海洋碳汇渔业固碳强度之间存在显著为正的关系。故在此认为海洋生态补偿试点政策、海洋碳汇渔业固碳强度与海洋渔业专业从业人员数量之间存在一个冲突,即海洋生态补偿试点政策和海洋渔业专业从业人员数量均可以显著提高海洋碳汇渔业固碳强度,但海洋生态补偿试点政策在较低程度上(政策实施后,海洋渔业专业从业人员数量减少了 0.154 万人)显著降低了海洋渔业专业从业人员数量,进而使海洋碳汇渔业固碳强度减少。这与初始的影响机理分析并不一致,故采用结合时间动态效应的方式进行深入分析。

表 5-15　海洋生态补偿影响海洋碳汇渔业固碳强度的机制检验

指标	GDP 能耗		海洋第三产业占比		海洋渔业专业从业人员数量		海水养殖面积	
	模型 1	模型 2	模型 3	模型 4	模型 5	模型 6	模型 7	模型 8
交互项 did	−0.016 (−1.017)		−2.322 (−1.509)		−0.154＊＊＊ (−6.970)		−0.037 (−1.202)	
Treated	−0.205＊＊＊ (−57.626)	−0.205＊＊＊ (−56.443)	−0.639 (−0.460)	−0.639 (−0.639)	0.421＊＊＊ (25.151)	0.421＊＊＊ (24.635)	1.001＊＊＊ (35.196)	1.001＊＊＊ (34.473)
$Y_{2011} \times$ Treated		0.014＊＊＊ (3.721)		−0.394 (−0.278)		−0.129＊＊＊ (−7.549)		0.014 (0.467)
$Y_{2012} \times$ Treated		0.025＊＊＊ (6.894)		−1.644 (−1.159)		−0.149＊＊＊ (−8.729)		−0.016 (−0.556)
$Y_{2013} \times$ Treated		−0.002 (−0.593)		−0.444 (−0.313)		−0.147＊＊＊ (−8.625)		−0.043 (−1.466)
$Y_{2014} \times$ Treated		−0.014＊＊＊ (−3.947)		−3.678＊＊ (−2.593)		−0.159＊＊＊ (−9.290)		−0.065＊＊ (−2.336)
$Y_{2015} \times$ Treated		−0.034＊＊＊ (−9.352)		−3.944＊ (−2.781)		−0.224＊＊＊ (−13.082)		−0.068＊＊ (−2.336)
$Y_{2016} \times$ Treated		−0.084＊＊＊ (−22.990)		−3.828＊＊ (−2.698)		−0.118＊＊＊ (−6.872)		−0.045 (−1.543)
时间固定	是	是	是	是	是	是	是	是
地区固定	是	是	是	是	是	是	是	是
常数项	−0.142＊＊＊ (−62.027)	−0.142＊＊＊ (−204.303)	45.655＊＊＊ (162.474)	45.665＊＊＊ (169.008)	2.903＊＊＊ (764.431)	2.903＊＊＊ (891.219)	2.256＊＊＊ (396.760)	2.256＊＊＊ (407.965)

续表

指标	GDP 能耗		海洋第三产业占比		海洋渔业专业 从业人员数量		海水养殖面积	
	模型 1	模型 2	模型 3	模型 4	模型 5	模型 6	模型 7	模型 8
N	126	126	126	126	126	126	126	126
R²	0.125	0.126	0.018	0.022	0.060	0.060	0.198	0.198

注:括号内数值为 t 值,采用聚类稳健标准误计算;*、*＊、*＊＊分别表示参数估计值在 10％、5％、1％的水平上显著。▓代表政策对驱动因素存在显著影响;▢代表驱动因素与碳汇强度之间的作用不明显;▨代表政策对驱动因素产生了反向的显著影响,即存在挤出效应。

结合表 5-7 的结果,海洋碳汇渔业固碳强度主要受到 GDP 能耗、海洋渔业专业从业人员数量和海水养殖面积的显著正向影响。从时间动态效应来看(模型 2,4,6,8),海洋生态补偿试点政策对 GDP 能耗、海洋渔业专业从业人员数量和海水养殖面积的影响具有明显的时滞性,2014 年后海洋生态补偿试点政策对三者均存在显著的负向影响,即海洋生态补偿对于海洋碳汇渔业固碳强度增长驱动要素的作用不明显,或者产生了挤出效应。

以上机制分析表明,海洋生态补偿试点政策虽然提升了海洋碳汇渔业固碳强度,但由于环境类政策普遍存在的时滞性,且缺乏有效的制度来保障政策红利的充分发挥,对海洋碳汇渔业固碳强度增长的驱动因素产生了显著的挤出效应,从而导致海洋生态补偿试点政策落入政策陷阱中。

但通过变换角度分析,2014 年后,海洋生态补偿试点政策的实施有利于降低 GDP 能耗,即通过提升环保技术水平来改善海洋生态环境,这一结论与第一节中机理分析的假设一致;海洋生态补偿试点政策显著降低了海洋的第三产业占比,促使海洋产业向以海洋渔业为代表的第一产业和包含海洋渔业产品加工的第二产业发展,延长海洋渔业的产业链,提高贝藻产量市场需求,进而促进了海水贝藻养殖的发展;海洋渔业专业从业人员数量的显著降低则可以促进海洋渔业队伍专业化能力,进一步通过推进海洋渔业产业的技术革新和设备升级来增加海洋碳汇渔业固碳强度;海水养殖面积的缩减可以助力养殖模式的转型和创新来达到产量的提升,如采用海洋牧场、人工鱼礁等新型养殖模式来实现产量增加和生态环境改善的双赢。总之,试点地区应积极出台有效的配套制度来保障海洋生态补偿试点政策对海洋碳汇渔业固碳强度的提升作用,并且争取通过上述各方途径来减小政策的挤出效应。

二、北海区影响机制及时间动态效应检验

同理,对北海区的影响机制及时间动态效应进行具体分析,结果见表 5-16。综合来看,北海区的海洋生态补偿试点政策并未对海洋碳汇渔业固碳强度的增长驱动因素产生显著的影响;结合时间动态效应,北海区海洋生态补偿试点政策不存在时滞性,但对各增长驱动因素的影响缺乏持续性。结合表 5-9 中模型 1 和模型 2 的回归结果,北海区海洋碳汇渔业固碳强度仅受到海水养殖面积的正向显著影响,与其他三个因素存在相关关系但不显著。

海洋生态补偿试点政策在短期内(2011—2012 年)提升了 GDP 能耗,这一影响短暂间断后在 2016 年变为持续的负向效应,说明北海区海洋生态补偿试点政策对 GDP 能耗产生

长期的负作用(这一作用有待结合 2017 年以后数据进一步验证),有效提升了环保技术水平,但因北海区 GDP 能耗未对海洋碳汇渔业固碳强度产生显著影响,故这一驱动因素的影响机制未通过检验。同理,海洋第三产业占比也因受政策影响不持续及其与海洋碳汇渔业固碳强度的作用不显著而未通过影响机制检验。而海洋渔业专业从业人员数量虽受到试点政策的持续显著影响,也因与海洋碳汇渔业固碳强度的作用不显著而未通过影响机制检验。海水养殖面积受到了试点政策的显著负向影响,但与其对海洋碳汇渔业固碳强度的正向显著推动作用相反;说明北海区海水养殖面积对海洋碳汇渔业固碳强度增长的驱动因素产生了显著的挤出效应,从而导致北海区海洋生态补偿试点政策落入政策陷阱。北海区应正视海洋生态补偿试点政策的"政策陷阱"现象的存在,采用有效措施增加海水贝藻养殖规模及提升海水养殖产量,推动海洋碳汇渔业固碳强度增长。

表 5-16　北海区控制变量影响机制及其时间动态效应检验结果

指标	GDP 能耗		海洋第三产业占比		海洋渔业专业从业人员数量		海水养殖面积	
交互项 did	0.009		1.662		−0.065 *		−0.159 * * *	
	(0.270)		(0.671)		(−1.841)		(−2.846)	
Treated	−0.367 * * *	−0.367 * * *	−2.996	−2.996	1.286 * * *	1.286 * * *	0.673 * * *	0.673 * * *
	(−31.267)	(−29.194)	(−1.290)	(−1.205)	(41.360)	(38.617)	(13.500)	(12.605)
$Y_{2011} \times$ Treated		0.063 * * *		5.196 *		−0.125 * * *		−0.195 * * *
		(5.039)		(2.089)		(−3.744)		(−3.653)
$Y_{2012} \times$ Treated		0.078 * * *		2.746		−0.031		−0.214 * * *
		(6.211)		(1.104)		(−0.937)		(−4.002)
$Y_{2013} \times$ Treated		0.017		1.996		−0.097 * *		−0.178 * * *
		(1.390)		(0.803)		(−0.082)		(−3.328)
$Y_{2014} \times$ Treated		0.018		0.646		−0.082 * *		−0.186 * * *
		(1.397)		(0.260)		(−2.458)		(−3.487)
$Y_{2015} \times$ Treated		0.007		0.446		−0.034		−0.142 * * *
		(0.536)		(0.179)		(−1.027)		(−2.655)
$Y_{2016} \times$ Treated		−0.132 * * *		−1.054		−0.021		−0.039
		(−10.483)		(−0.424)		(−0.628)		(−0.730)
时间固定	是	是	是	是	是	是	是	是
地区固定	是	是	是	是	是	是	是	是
常数项	0.254 * * *	0.254 * * *	43.026 * * *	43.026 * * *	2.460 * * *	2.460 * * *	3.239 * * *	3.239 * * *
	(53.342)	(106.304)	(93.708)	(90.828)	(385.223)	(387.930)	(319.196)	(318.618)
N	42	42	42	42	42	42	42	42
R^2	0.838	0.850	0.075	0.097	0.458	0.458	0.142	0.142

注:括号内数值为 t 值,采用聚类稳健标准误计算;* 、* * 、* * * 分别表示参数估计值在 10%、5%、1%的水平上显著。□代表驱动因素与碳汇强度之间的作用不明显;█代表政策对驱动因素产生了反向的显著影响,即存在挤出效应。

三、东海区影响机制及时间动态效应检验

东海区的影响机制及时间动态效应结果见表 5-17。综合来看,东海区的海洋生态补偿

试点政策通过增加海水养殖面积来对海洋碳汇渔业固碳强度产生显著的增长驱动,这一影响不存在时滞性,但政策对驱动因素作用的时效较短,仅持续了三年时间。

海洋生态补偿试点政策对 GDP 能耗产生显著负向影响,但这一影响存在时滞性,说明东海区海洋生态补偿试点显著降低了 GDP 能耗,但因东海区 GDP 能耗未对海洋碳汇渔业固碳强度产生显著影响,故政策未通过 GDP 能耗对海洋碳汇渔业固碳强度产生影响。海洋第三产业占比并未受到政策的显著影响;而海洋渔业专业从业人员数量短期内受到试点政策的正向显著影响,但这一影响因缺乏相关支持机制不持续且出现相反的效果,部分证明了挤出效应的存在。而海水养殖面积受到了试点政策的显著正向影响(不存在时滞性),与其对海洋碳汇渔业固碳强度的正向显著推动一致,说明东海区海洋生态补偿试点政策通过海水养殖面积的增加对海洋碳汇渔业固碳强度产生增长驱动。东海区应进一步采取相关措施保障海水养殖规模的有序扩大,为海洋碳汇渔业固碳强度储备提供持续的制度保障,同时可通过海洋渔业从业人员数量及技术水平的提升来拓宽政策的影响渠道。

表 5-17　东海区控制变量影响机制及其时间动态效应检验结果

指标	GDP 能耗		海洋第三产业占比		海洋渔业专业从业人员数量		海水养殖面积	
交互项 did	−0.030 * (−1.863)		−0.719 (−0.199)		−0.014 (−0.408)		0.105 * (1.787)	
Treated	−0.014 (−1.078)	−0.014 (−1.007)	−8.198 * * (−2.593)	−8.198 * * (−2.422)	−1.192 * * * (−52.261)	−1.192 * * * (−48.796)	0.389 * * * (7.323)	0.379 * * * (6.873)
$Y_{2011} \times$ Treated		−0.015 (−1.052)		3.148 (0.930)		0.119 * * * (4.854)		0.191 * * * (3.456)
$Y_{2012} \times$ Treated		−0.005 (−0.350)		2.598 (0.767)		−0.040 (−1.650)		0.178 * * * (3.211)
$Y_{2013} \times$ Treated		−0.009 (−0.609)		3.898 (1.151)		−0.065 * * (−2.662)		0.122 * * (2.201)
$Y_{2014} \times$ Treated		−0.043 * * (−2.998)		−3.602 (−1.064)		−0.056 * * (−2.297)		0.080 (1.437)
$Y_{2015} \times$ Treated		−0.057 * * * (−3.993)		−4.802 (−1.419)		−0.040 (−1.631)		0.042 (0.753)
$Y_{2016} \times$ Treated		−0.053 * * * (−3.693)		−5.552 (−1.640)		−0.004 (−0.168)		0.019 (0.339)
时间固定	是	是	是	是	是	是	是	是
地区固定	是	是	是	是	是	是	是	是
常数项	−0.419 * * * (−146.762)	−0.419 * * * (−154.428)	49.921 * * * (76.679)	49.921 * * * (77.419)	3.604 * * * (618.826)	3.604 * * * (774.335)	2.455 * * * (0.011)	2.455 * * * (232.696)
N	42	42	42	42	42	42	42	42
R²	0.176	0.211	0.509	0.557	0.894	0.900	0.510	0.515

注:括号内数值为 t 值,采用聚类稳健标准误计算;*、* *、* * * 分别表示参数估计值在 10%、5%、1% 的水平上显著。▓▓▓代表政策对驱动因素存在显著影响;▫▫▫代表驱动因素与碳汇强度之间的作用不明显;███代表政策对驱动因素产生了反向的显著影响,即存在挤出效应。

四、南海区影响机制及时间动态效应检验

南海区的影响机制及时间动态效应见表 5-18。综合来看,南海区的海洋生态补偿试点政策通过降低海洋第三产业占比来对海洋碳汇渔业固碳强度产生持续且显著的增长驱动,这一影响不存在时滞性。政策对海洋渔业从业人员数量和海水养殖面积存在显著的负向影响,使海洋生态补偿试点政策存在一定的挤出效应。

海洋生态补偿试点政策在后期(2015—2016 年)对 GDP 能耗产生显著负向影响,说明政策的时滞性,但因北海区 GDP 能耗未对海洋碳汇渔业固碳强度产生显著作用,证明政策未通过 GDP 能耗对海洋碳汇渔业固碳强度产生影响。海洋生态补偿试点政策显著降低了海洋第三产业占比,与表 5-9 中模型 4 的作用一致,证明政策通过降低海洋第三产业占比对海洋碳汇渔业固碳强度产生显著的增长驱动,这一影响具有持续性。而海洋渔业专业从业人员和海水养殖面积受到政策的显著负向影响,其中政策初期海水养殖面积虽受到显著正向影响,但因缺乏相关支持机制在后期呈现相反的效果,与表 5-9 中模型 4 中其对海洋碳汇渔业固碳强度的正向显著推动完全相反,说明南海区海洋生态补偿试点政策存在一定的挤出效应。南海区应加速优化海洋产业结构,通过推动海洋第三产业发展来提升海洋碳汇渔业固碳强度,同时通过提升海洋渔业专业从业人员数量、增加海水养殖面积来拓宽海洋生态补偿试点政策的影响渠道。

表 5-18 南海区控制变量影响机制及其时间动态效应检验结果

指标	GDP 能耗		海洋第三产业占比		海洋渔业专业从业人员数量		海水养殖面积	
交互项 did	−0.026 (−1.352)		−7.909 * * * (−3.147)		−0.383 * * * (−7.163)		−0.058 * (−1.783)	
Treated	−0.235 * * * (−14.492)	−0.235 * * * (−13.531)	9.276 * * * (3.870)	9.276 * * * (3.613)	1.170 * * * (38.321)	1.170 * * * (35.780)	1.951 * * * (90.980)	1.951 * * * (84.948)
$Y_{2011} \times$ Treated		−0.008 (−0.447)		−9.526 * * * (−3.710)		−0.381 * * * (−11.654)		0.044 * (1.924)
$Y_{2012} \times$ Treated		0.002 (0.125)		−10.276 * * * (−4.002)		−0.376 * * * (−11.503)		−0.013 (−0.555)
$Y_{2013} \times$ Treated		−0.015 (−0.880)		−7.226 * * * (−2.814)		−0.280 * * * (−8.566)		−0.072 * * * (−3.134)
$Y_{2014} \times$ Treated		0.018 (1.035)		−8.076 * * * (−3.146)		−0.339 * * * (−10.352)		−0.089 * * * (−3.879)
$Y_{2015} \times$ Treated		−0.052 * * (−2.996)		−7.476 * * * (−2.912)		−0.597 * * * (−18.252)		−0.103 * * * (−4.504)
$Y_{2016} \times$ Treated		−0.067 * * * (−3.839)		−4.876 * (−1.899)		−0.328 * * * (−10.013)		−0.114 * * * (−4.972)
时间固定	是	是	是	是	是	是	是	是
地区固定	是	是	是	是	是	是	是	是

指标	GDP 能耗		海洋第三产业占比		海洋渔业专业 从业人员数量		海水养殖面积	
常数项	−0.260＊＊＊ (−75.690)	−0.260＊＊＊ (−75.690)	44.048＊＊＊ (93.887)	44.048＊＊＊ (90.071)	2.644＊＊＊ (308.857)	2.644＊＊＊ (424.397)	1.075＊＊＊ (200.285)	1.075＊＊＊ (245.686)
N	42	42	42	42	42	42	42	42
R^2	0.677	0.680	0.175	0.180	0.862	0.865	0.757	0.758

注：括号内数值为 t 值，采用聚类稳健标准误计算；＊、＊＊、＊＊＊分别表示参数估计值在 10%、5%、1% 的水平上显著。■代表政策对驱动因素存在显著影响；□代表驱动因素与碳汇强度之间的作用不明显；■代表政策对驱动因素产生了反向的显著影响，即存在挤出效应。

第七节　本章小结

本书针对海洋生态补偿政策试点政策，利用 2003—2016 年省级面板统计数据，通过双重差分法研究了海洋生态补偿试点政策对海洋碳汇渔业固碳强度的影响，得出以下结论。

（1）海洋生态补偿试点政策显著提高了海洋碳汇渔业固碳强度；在控制变量及固定时间和地区效应的条件下，2003—2016 年因实施海洋生态补偿试点政策使试点地区的海洋碳汇渔业固碳强度提升了 27.054 万吨；政策的动态边际效应持续显著，未发生时间滞后，政策效果具有稳健性；GDP 能耗、海洋渔业专业从业人员数量和海水养殖面积对海洋碳汇渔业固碳强度有正向的显著推动。海洋生态补偿试点政策为中国政府增加碳汇储备的创新机制提供了有益的尝试。

（2）各行政海区中，2003—2016 年北海区和南海区的海洋生态补偿试点政策显著提升了海洋碳汇渔业固碳强度，而东海区则未对海洋碳汇渔业固碳强度产生显著影响；北海区和南海区的政策未发生时间滞后，北海区政策的动态边际效应持续显著，南海区的政策持续性较差；北海区的海洋碳汇渔业固碳强度仅受到海水养殖面积的显著推动；东海区主要受海洋渔业专业从业人员数量的正向显著影响，同时受海洋第三产业占比和海水养殖面积的显著推动；而南海区则主要由海水养殖面积显著推动，且受到正向的海洋渔业专业从业人员数量和负向的海洋第三产业占比影响。

（3）海洋生态补偿试点政策对于海洋碳汇渔业固碳强度增长驱动要素的作用不明显，产生了显著的挤出效应，导致海洋生态补偿试点政策落入"政策陷阱"中，这一现象北海区同样显著存在；东海区的海洋生态补偿试点政策通过海水养殖面积的增加促进海洋碳汇渔业固碳强度的提升；南海区则通过降低海洋第三产业占比来对其海洋碳汇渔业固碳强度产生显著的增长驱动。

第六章 结论与建议

第一节 结 论

本书在分析总结现有海洋生态补偿、生态补偿效果评估、政策效果评估模型的相关研究内容基础上,厘清海洋生态补偿政策效果评估的概念和内涵,分析海洋生态补偿政策效果评估的理论基础和相关内容;通过海洋生态补偿综合效果指数、海洋生态补偿效率、海洋生态补偿试点政策的反事实评价三个方面对海洋生态补偿政策效果进行系统评价,得出以下结论。

一、海洋生态补偿政策具有一定的显著效果

(1)整体海洋生态补偿政策效果显著。2006—2016 年中国海洋生态补偿政策的综合效果平均值为 47.35,效率平均值为 0.633,均处于中下水平,但随时间有明显的增加趋势,沿海各地区海洋生态补偿政策取得显著效果;海洋经济-海洋生态持续保持高水平耦合状态,脱钩指数有所缩小且多呈海洋经济受害、海洋生态受益的寄生关系,海洋经济-海洋生态逐步向协调的可持续发展状态迈进。2003—2016 年海洋生态补偿试点政策的实施使海洋碳汇渔业固碳强度提升了 27.054 万吨。

(2)各典型区域的海洋生态补偿政策效果存在显著差异。从海洋生态补偿综合效果来看,东海区海洋生态补偿综合效果指数起点最高但增速最低,南海区起点最低但增速最高,北海区起点和增速均处在中间水平;从海洋生态补偿效率来看,东海区的海洋生态补偿效率均值最为稳定,南海区则始终处于相对有效状态,北海区的效率整体较低;从海洋生态补偿试点政策的反事实评价来看,北海区和南海区的海洋碳汇渔业固碳强度得到显著提升,而东海区则未产生显著影响。综合来看,北海区和南海区的海洋生态补偿政策存在显著效果,东海区的海洋生态补偿政策仍需进一步完善和改进。

(3)海洋生态补偿政策效果具有明显的时空演化特征。从海洋生态补偿综合效果来看,海洋生态补偿综合效果得到显著提升,大部分地区保持上升趋势,发展程度逐渐集中,各地区间的差距有所扩大;从海洋生态补偿效率来看,总体上海洋生态补偿效率明显提升,大部分地区的海洋生态补偿效率处于下降过程,海洋生态补偿效率值标准差和变异系数均有所扩大。从海洋生态补偿试点政策的反事实评价来看,政策的动态边际效应持续显著,动态

边际效果虽有一定的波动,但整体呈上升趋势;综合来看,海洋生态补偿政策效果随时间有明显的提升趋势,但空间差异逐渐增大。

二、海洋生态补偿政策存在明确的影响因素

(1)整体海洋生态补偿政策的影响因素明确。海洋生态补偿综合效果主要受到海洋环境治理能力和海洋灾害经济损失的正向显著影响,同时受到节能减排力度和海洋科技水平的负向显著影响,与对外开放程度之间不存在线性关系。中国海洋生态补偿的全要素生产率受技术进步指数的影响较大。海洋生态技术进步依旧是海洋生态补偿过程中全要素生产率的重要驱动力,但面临一定的技术效率损失;海洋第三产业比重对海洋生态补偿效率值有正向的显著影响,城市化率、进出口总额占 GDP 比重和海洋灾害直接经济损失对海洋生态补偿效率存在显著的负向影响。从海洋生态补偿试点政策的反事实评价来看,海洋生态补偿试点政策通过 GDP 能耗、海洋渔业专业从业人员数量和海水养殖面积的变化对海洋碳汇渔业固碳强度有正向的显著推动。综合来看,海洋生态补偿政策效果提升的关键影响因素为节能减排力度(GDP 能耗)、海洋环境治理能力(海洋环境治理投资)、海洋产业结构升级(海洋第三产业占比),同时应避免城市化进程、对外开放程度和海洋灾害对海洋生态补偿政策效果的负面影响。通过降低 GDP 能耗、缩减海洋渔业专业从业人员数量和增加海水养殖面积有助于海洋碳汇渔业固碳强度的增加。

(2)各典型区域海洋生态补偿政策效果的关键影响因素不同。从海洋生态补偿综合效果来看,北海区海洋生态补偿综合效果提升的关键在于进一步加大海洋环境治理投资和节能减排力度;东海区和南海区的关键为加大节能减排力度;南海区还应注重促进海洋科技研发经费向海洋生态补偿的成果转化;东海区和南海区应改善海洋灾害防灾减灾,避免海洋生态补偿综合效果受到海洋灾害的影响。从海洋生态补偿试点政策的反事实评价来看,北海区的海洋碳汇渔业固碳强度仅受到海水养殖面积的显著推动;东海区主要受海洋渔业专业从业人员数量的正向显著影响,同时受海洋第三产业占比和海水养殖面积的显著推动;而南海区则主要由海水养殖面积显著推动,且受到正向的海洋渔业专业从业人员数量和负向的海洋第三产业占比影响。综合来看,各典型区域海洋生态补偿政策效果的关键影响因素存在显著差异,应采取不同措施进一步加强和完善海洋生态补偿机制。

三、海洋生态补偿政策具备明显的空间效应

(1)明显的空间转移特征。从海洋生态补偿效率看,海洋生态补偿效率空间分布呈现先缩小后逐渐增大的趋势;重心先向南偏东移动、后向北偏西移动,南北方向位移明显大于东西方向,移动速度呈现加快—降低—加快—降低的过程;标准差椭圆长轴和短轴均略有缩短;方位角先增大后减小然后趋于稳定;海洋生态补偿效率的空间聚集性增强,区域不平衡性有所收敛,空间分布格局基本保持稳定。

(2)显著的空间挤出效应。从海洋生态补偿试点政策的反事实评价来看,海洋生态补偿虽然提升了海洋碳汇渔业固碳强度,但由于环境类政策普遍存在的时滞性,且缺乏有效的

制度来保障政策红利的充分发挥,对海洋碳汇渔业固碳强度增长的驱动因素产生了显著的挤出效应,从而导致海洋生态补偿试点政策落入"政策陷阱"中。

第二节 政策建议

在中国全面推进海洋生态补偿政策、加大海洋生态补偿投入的背景下,本书从海洋生态补偿政策的效果评估着手,分别通过海洋生态补偿综合效果、海洋生态补偿效率、海洋生态补偿试点政策的反事实评价对海洋生态补偿的政策效果进行实证分析,得出了一些证据,希冀为相关单位科学制定海洋生态补偿政策和决策提供支持,为建立和完善高效率的海洋生态补偿机制指明方向。以下是基于前文研究结论得出的一些海洋生态补偿领域的意见和建议。

一、针对综合效果的政策建议

结合第三章海洋生态补偿综合效果研究的有关结论,提出以下提升海洋生态补偿综合效果的建议。

(1)挖掘各典型区域综合效果短板,制定差异化海洋生态补偿提升策略。

各典型区域提升海洋生态补偿综合效果的侧重点不同,根据各典型区域海洋生态补偿政策的不同效果,结合各海区的关键影响因素,各海区管理部门应实施差别化的区域海洋生态补偿政策效果提升策略。

全面加大节能减排力度。节能减排力度(即单位海洋 GDP 能耗)是各海区海洋生态补偿综合效果提升的关键因素,应进一步完善节能减排措施。例如,重视海洋经济发展和海洋资源开发活动中的节能减排工作,出台促进先进海洋开发技术优化升级、加强海洋经济调控手段、在海洋开发领域建立排放权的市场化机制等各项激励政策,确保能源消耗的降低和污染物的排放,使节能减排力度成为海洋经济增长与海洋生态环境改善的持续动力;可充分发挥各级政府在节能减排中的主导型作用,进一步完善节能减排政策体系框架,制定能源价格政策、海洋开发企业减排政策、沿海地区农业面源污染治理政策、海洋可再生资源发展政策等,将节能减排贯穿海洋开发利用的全过程;有效增加全民节能减排意识,如全面推进农村冬季取暖改造、对渔船等私人设备的技术升级进行补贴,辅助实现海洋生产活动和沿海地区人民生活方面的节能减排。

北海区应进一步加大海洋环境治理投资。海洋环境治理投资是北海区海洋生态补偿综合效果的主要制约因素之一。海洋环境是一个海陆相连的有机整体,在开展海洋环境治理投资的过程中应增加入海河流污染防治投资。例如,加大对沿海地区重点工业企业开展污染排放控制方面的投资,通过提高污水排放标准补贴、增加技术升级补贴等方式推进传统污水排放重点行业的污染治理力度和环保技术升级;同时考虑到渤海的自然属性,应大力增加石油开采、运输过程中的监察投资,加大港口排泄石油类污染物的处理能力,降低石油类污染物对近海海域的影响范围。

　　南海区应注重促进海洋科技研发经费向海洋生态补偿的成果转化。海洋科技研发经费是南海区海洋生态补偿综合效果的主要制约因素之一。海洋科研经费在海洋生态补偿领域的转化不足对南海区海洋生态补偿政策的综合效果带来不利影响。应制定相关措施保障海洋科研经费在海洋生态补偿方面的产出,如将海洋生态补偿领域转化力度纳入海洋科研经费的绩效管理指标,可克服海洋科研项目在执行过程中过于追求其他方面的产出指标倾向,促进海洋科研经费向海洋生态补偿领域的转化力度;同时可通过建立完善的海洋科研经费使用跟踪评估机制,重点监督海洋科研经费的使用和有效转化。

　　东海区和南海区还应建立健全的海洋灾害防灾减灾体制机制。海洋灾害对东海区和南海区的海洋生态补偿综合效果带来不利影响。作为海洋灾害高发区域,东海区和南海区应进一步健全海洋灾害防灾减灾机制,如继续精细化完成海洋灾害风险区划、增加海洋灾害防灾减灾投资、制定差异化的针对性防灾减灾策略、构建更为科学的海洋灾害防灾减灾应急响应预案,保障海洋生态补偿综合效果不受海洋灾害的影响。

　　(2)扭转社会协调发展水平降低趋势,有效提升各地区的综合效果指数。

　　2006—2016 年,中国沿海地区社会协调发展水平随时间略有降低,对海洋生态补偿综合效果指数带来了不利影响,而社会协调发展水平的缓慢降低则由涉海就业人数占社会总就业人数比重的不断降低所致。为扭转这一趋势,应采取一系列措施加大涉海就业的扶持力度。主要可采取以下措施。

　　扩大海洋相关产业投资规模,增加就业需求。现有海洋产业规模的扩大是提升涉海就业需求的重要组成部分。各地政府应大力扶持海洋相关产业,为其投融资提供政策扶持和便利的服务,在有效增加海洋产业投资的基础上实现规模扩大,进而提供更多的优质就业岗位,吸引更多人才进入海洋相关产业,打通涉海就业提升的关键路径。

　　促进涉海领域创业和小微企业发展。创业可明显提升带动涉海领域的就业能力,应培育更多充满活力、持续稳定经营的涉海领域市场主体,直接创造更多涉海就业岗位,带动涉海关联产业就业岗位增加,促进涉海就业机会公平和社会纵向流动,实现涉海领域创新、创业、就业的良性循环。小微企业也是涉海就业的重要环节,应充分发挥现有涉海中小企业专项资金的引导作用,鼓励地方针对涉海领域小微企业设立专项扶持资金、贯彻落实涉海领域小微企业税收优惠政策、对涉海领域小微企业给予吸纳就业补贴等,增加涉海领域小微企业就业岗位。

　　(3)探究海洋生态与海洋经济总体关系,确保海洋生态与海洋经济协调发展。

　　根据海洋生态-海洋经济的关系发展特征,鉴于当前整体海洋生态环境的改善未摆脱海洋经济水平的限制,并严重依赖于海洋经济的发展的现状,中国政府应积极恢复海洋生态环境、提高海洋生态承载力,采取多种措施确保海洋经济的良好发展。

　　(4)参考各地海洋生态与海洋经济关系现状,采取针对性的差异化对策。

　　根据各类考察区域海洋生态-海洋经济的关系发展特征,促进海洋生态与海洋经济的协调和可持续发展。例如,海洋经济和海洋生态都存在优势型地区应保持海洋经济发展与优良海洋生态环境的优势,在为海洋经济发展提供强劲的动力支持的同时保障海洋生态环境的健康和稳定;海洋经济具有优势海洋生态较差型地区应加强和改善海洋生态环境的管理,实现海洋经济发展与海洋生态环境保护的平衡和协调;海洋生态具有优势海洋经济较差型地区应加大海洋经济发展投入和海洋产业升级,以良好的生态环境促进海洋经济增长,走绿色、低碳、高效、循环发展之路,早日实现海洋经济和海洋生态环境的协调、可持续、高质量发展。

二、针对效率提升的政策建议

结合第四章海洋生态补偿效率研究的有关结论,提出以下提升海洋生态补偿效率的建议。

(1)因地制宜制定差异化的海洋生态补偿政策,实现效率的最大化。

实现海洋生态补偿效率的最大化,消除各沿海地区海洋生态补偿效率的巨大差异,需要继续坚持海洋生态补偿政策。同时应在海洋生态补偿效率分布不均衡的现状下,着眼各地区优势和不足,鼓励各地区政府因地制宜制定差异化的海洋生态补偿政策。加强南海区海洋生态补偿先进经验向东海区和北海区的跨区域推广;助力海洋经济和海洋生态实现均衡、协调发展,扭转海洋生态补偿效率持续下降的局面。

(2)促进资金投入和技术升级,避免效率发展受制于技术进步。

改善海洋生态补偿发展受制于技术进步的现状,需要促进海洋生态补偿的资金投入和技术升级,保持海洋生态补偿效率前沿地区的良好发展态势,加大崛起地区的海洋生态技术进步投入,刺激滞后地区的海洋生态技术转型。以制度创新、技术创新、补偿方式创新等手段,逐步扭转中国海洋经济产业结构单一、海洋环境破坏严重、生态系统退化的严峻局面。

(3)依据各影响因素的不同作用,采取针对性改进措施。

推动海洋第三产业的显著促进作用,减弱城市化率、进出口和海洋灾害的抑制效果,需要加快沿海地区产业结构优化升级,充分发挥海洋第三产业对海洋可持续发展的推动作用;在城市化进程中加强海洋资源与生态环境保障约束,科学选择符合中国海洋资源与生态环境实际的健康城市化发展道路与模式;有效甄别外商投资质量,避免引进高污染、高能耗企业,同时充分利用外商投资中的先进生产工艺来推动海洋生态补偿的技术升级;完善各地区海洋灾害风险区划、监测预警和应急保障,降低海洋灾害高发地区的灾害脆弱性,为海洋经济活动和海洋生态环境保护与修复提供保障。

(4)充分发挥效率重心的牵引作用,带动效率滞后地区协同发展。

面对海洋生态补偿效率的空间聚集性增强,区域不平衡性有所收敛,空间分布格局基本保持稳定的现状,应加强海洋生态补偿前沿地区的先进经验向滞后地区的跨区域推广,充分发挥效率重心的牵引作用,进一步带动海洋生态补偿效率滞后地区协同发展,如各行政海区可试行开展区域间横向海洋生态补偿,积极推动不同地区、不同省份间的生态补偿资金的横向交流,刺激海洋生态补偿效率滞后地区的政策转型和升级,促进区域间海洋生态补偿的效率分布趋于平衡和稳定。

三、针对试点政策的政策建议

结合第五章海洋生态补偿政策试点政策反事实评价的有关结论,提出以下改进海洋生态补偿政策试点政策的建议。

（1）加强配套体制改革，充分发挥政策红利，突破"政策陷阱"。

针对海洋生态补偿试点政策的显著效果，应逐步因地制宜推广海洋生态补偿政策；面对出现的"政策陷阱"现象，应加强配套体制改革，充分发挥政策红利，突破"政策陷阱"，促进海洋碳汇渔业固碳强度的提升，实现改善海洋生态环境、提升海洋渔业产值和增加碳汇储量的"三赢"局面，为中国增加碳汇储备提供新思路。在实施海洋生态补偿过程中，需要考虑海洋联通性、海洋污染物流动性及政策挤出效应导致的政策效果的关联性。海洋生态补偿政策的有效实施需要相邻地区和相邻行政海区相互配合，在兼顾经济协调和环境治理的基础上实现双方海洋碳汇渔业的碳储备的最大化。

（2）参考各控制变量的影响效应，制定差异化提升策略。

参考各控制变量对海洋碳汇渔业固碳强度的影响效应，在推动海洋生态补偿试点政策的过程中，可以将海洋生态补偿与海洋产业结构优化、海洋环保技术升级、提高专业人员数量及素质和海洋渔业产业集群等相结合，更大程度地提升海洋碳汇渔业固碳强度。可考虑建立海水贝藻养殖补偿机制，激励海洋贝藻的养殖生产，进一步稳定和增加贝藻养殖产量，具体补偿标准可参考国际碳交易市场价格，通过测度贝藻碳汇具体含量制定。

（3）结合驱动要素的作用视角，优化各典型区域提升路径。

结合驱动要素的作用视角，各海区应结合自身形势采取不同策略实现海洋碳汇渔业固碳强度的有效提升：北海区和东海区应偏重于增加海水贝藻养殖规模及提升产量的方式来推动海洋碳汇渔业固碳强度增长，如采用海洋牧场、人工鱼礁等新型养殖模式来实现产量增加及海洋生态环境改善的双赢；东海区急需为海洋碳汇渔业固碳强度储备提供持续的制度保障，同时可通过海洋渔业专业从业人员数量及技术水平的提升来实现海洋碳汇渔业固碳强度的增加；南海区应加速优化海洋产业结构，通过推动海洋第三产业发展来提升海洋碳汇渔业固碳强度，且可通过增加海洋渔业专业从业人员数量、扩大海水养殖规模来拓宽海洋生态补偿试点政策的影响渠道。

第三节 展　望

本书在大力推进海洋生态补偿政策背景下，基于生态公平理论、可持续发展理论和外部性理论，在厘清海洋生态补偿政策效果评估的概念和相关内容基础上，从海洋生态补偿综合效果指数、海洋生态补偿效率、海洋生态补偿试点政策反事实评价的角度，利用综合效果评价方法、数据包络分析和双重差分模型对海洋生态补偿政策效果进行系统评估，证实了中国海洋生态补偿政策效果的显著存在，并对其影响因素进行具体分析与检验，得出了政策效应具有显著的空间转移特征和挤出效应。但基于目前国内外关于海洋生态补偿政策效果评估研究较少，故本书的研究缺乏相应的参考，尚存在一些不足之处。鉴于本书研究的局限性，随着政策效果评估模型的不断发展和统计资料的逐步完善，海洋生态补偿政策效果评估研究将会继续深入，主要体现在以下几方面。

（1）变量选取方面。各实证分析中的变量选取存在一些不足：受制于统计资料的局限性，综合效果指数的变量选取的海洋经济发展状况、海洋生态环境整治效果、海洋社会发展水平和海洋生态环境监管能力指标，个数有限，不能完全代表海洋生态补偿综合效果的真实情况，可能对实证分析结果有一定影响；效率评价中投入产出指标的选取受限于模型容量，尤其是补偿资金的投入并未有明确的数值，而是基于资金流向角度选定的海洋环境污染治理投资额和海洋固定资产投资，可能与实际情况存在一定误差；反事实评价中海洋碳汇渔业固碳强度的测算用海洋贝藻养殖来代替，未考虑海洋捕捞渔获物的碳收益和碳排放，且海洋贝藻总碳汇强度尚未有成熟和明确的估算方法，本书采用可移除碳汇与折算系数相乘的方法得到的结果与真实的海洋碳汇渔业固碳强度之间存在一些出入。为此，应全面搜集海洋生态、海洋环境、社会发展和海洋监测管理能力等方面的资料，为更加完善的海洋生态补偿政策效果评估提供数据支持。

（2）数据处理方面。一是研究尺度改进。受制于实际统计资料，本书的实证研究建立在省级层面的面板数据基础上进行，并未对市级政府在海洋生态补偿政策方面进行详细的政策效果评价与分析，不能给各地市海洋生态补偿工作提供明确参考；尤其对于 2011 年威海、连云港和深圳实施的海洋生态补偿试点政策，因缺乏市级数据，以山东、江苏和广东作为试点研究对象虽有一定的借鉴意义，但与实际存在一定偏差。因此，应进一步搜集沿海地市的相关数据和资料，在市级层面开展海洋生态补偿政策效果评价的具体实践。二是考察时间改进。受制于数据统计年限尤其是《海洋统计年鉴》中 2006 年前后统计指标的变换，本书各部分的考察时间分别为 2006—2016 年（第三、四章）和 2003—2016 年（第五章），可能会对评价结果存在一定影响。因此，应对 2006 年前缺失的部分指标进行一定程度的替换，并全面搜集 2016 年之后的指标数据，尽可能增加考察窗期。

（3）模型设定方面。结合各模型局限性，模型设定与实际存在一定偏差，如利用双重差分法对海洋生态补偿试点政策开展的反事实评价，需要考虑模型操作中的选择性偏误、分组样本异质性和动态异质性对结果的影响。在充足的市级指标数据和更长的考察时间基础上，可结合 PSM 模型对双重差分之前的数据进行匹配，或采用更加完善的合成控制法来对试点政策的实际效果进行研究。

未来随着空间计量技术的不断完善，在统计资料得到极大丰富的基础上，可以尝试结合空间计量方法对海洋生态补偿政策的空间效应（如空间溢出效应、空间挤出效应）进行更加明确和精准的研究与考察，如结合空间面板数据采用空间面板回归模型、空间双重差分法等开展下一步研究，以期对海洋生态补偿政策效果的空间依赖和空间异质等进行深入探讨。

参考文献

[1] 包特力根白乙. 国内海洋生态补偿研究述评[J]. 海洋开发与管理,2017,34(5):3-8.

[2] 曹超学,文冰. 基于碳汇的云南退耕还林工程生态补偿研究[J]. 林业经济问题,2009,29(6):475-479.

[3] 曹加杰,王杰,吴向崇,丁昌辉,王伟希,王浩. 城市河道开放空间景观修复后评价研究——以南京内秦淮河东段为例[J]. 南京林业大学学报(自然科学版):2020,44(3):195-201.

[4] 曹静,郭哲. 中国二氧化硫排污权交易试点的政策效应——基于PSM-DID方法的政策效应评估[J]. 重庆社会科学,2019(7):24-37.

[5] 曹莉萍,周冯琦. 我国生态公平理论研究动态与展望[J]. 经济学家,2016(8):95-104.

[6] 曹万林. 区域生态公平及其影响因素研究[J]. 统计与决策,2019,35(7):105-108.

[7] 曹献飞. 融资约束与企业出口:孰因孰果——基于联立方程模型的经验分析[J]. 国际经贸探索,2015,31(1):66-76.

[8] 曹志文. 财政支出政策的生态保护效应研究[D]. 江西财经大学,2019.

[9] 陈琦,李京梅. 我国海洋经济增长与海洋环境压力的脱钩关系研究[J]. 海洋环境科学,2015,34(6):827-833.

[10] 陈强,杨晓华. 基于熵权的TOPSIS法及其在水环境质量综合评价中的应用[J]. 环境工程,2007(4):75-77.

[11] 陈儒,姜志德,赵凯. 低碳视角下农业生态补偿的激励有效性[J]. 西北农林科技大学学报(社会科学版),2018,18(5):146-154.

[12] 陈尚,任大川,夏涛,李京梅,杜国英,王栋,王其翔,张涛. 海洋生态资本理论框架下的生态系统服务评估[J]. 生态学报,2013,33(19):6254-6263.

[13] 程臻宇,刘春宏. 国外生态补偿效率研究综述[J]. 经济与管理评论,2015,31(6):26-33.

[14] 崔凤,崔姣. 海洋生态补偿:我国海洋生态可持续发展的现实选择[J]. 生态文明,2010(6):76-83.

[15] 崔明哲,杨凤海,李佳. 基于组合赋权法的哈尔滨市耕地生态安全评价[J]. 水土保持研究,2012,19(6):184-187.

[16] 崔悦,赵凯,周升强,贺婧. 基于农牧户视角的荒漠化治理中退牧还草技术综合评价——以内蒙古鄂托克旗为例[J]. 中国生态农业学报(中英文),2020,28(1):147-

158.

[17] 代丽华,林发勤.贸易开放对中国环境污染的程度影响——基于动态面板方法的检验 [J].中央财经大学学报,2015(5):96-105.

[18] 狄乾斌,梁倩颖.中国海洋生态效率时空分异及其与海洋产业结构响应关系识别[J]. 地理科学,2018,38(10):1606-1615.

[19] 丁颖,邹洋,师颖新.基于宏观经济计量模型的财政政策效应分析[J].经济与管理研 究,2011(12):23-28.

[20] 董小君.主体功能区建设的"公平"缺失与生态补偿机制[J].国家行政学院学报,2009 (1):38-41.

[21] 范志勇,宋佳音.主流宏观经济学的"麻烦"能解决么?[J].中国人民大学学报,2019, 33(2):68-77.

[22] 傅京燕,司秀梅,曹翔.排污权交易机制对绿色发展的影响[J].中国人口·资源与环 境,2018,28(8):12-21.

[23] 盖美,马丽.中国海洋资源效率时空演化及其驱动因素[J].资源开发与市场,2019,35 (3):318-323.

[24] 盖美,展亚荣.中国沿海省区海洋生态效率空间格局演化及影响因素分析[J].地理科 学,2019,39(4):616-625.

[25] 盖美,朱静敏,孙才志,孙康.中国沿海地区海洋经济效率时空演化及影响因素分析 [J].资源科学,2018,40(10):1966-1979.

[26] 高强,周佳佳,高乐华.沿海地区海洋经济-社会-生态协调度研究——以山东省为例 [J].海洋环境科学,2013,32(6):902-906.

[27] 高雪莲,王佳琪,张迁,踪家峰.环境管制是否促进了城市产业结构优化?——基于 "两控区"政策的准自然实验[J].经济地理,2019,39(9):122-128+137.

[28] 耿翔燕,葛颜祥,王爱敏.水源地生态补偿综合效益评价研究——以山东省云蒙湖为 例[J].农业经济问题,2017,38(4):93-101.

[29] 龚虹波,冯佰香.海洋生态损害补偿研究综述[J].浙江社会科学,2017(3):18-26+ 155-156.

[30] 龚亚珍,韩炜,Michael Bennett,仇焕广.基于选择实验法的湿地保护区生态补偿政策 研究[J].自然资源学报,2016,31(2):241-251.

[31] 关琰珠,郑建华,庄世坚.生态文明指标体系研究[J].中国发展,2007(2):21-27.

[32] 郭捷,刘子辰.基于CGE模型的我国西北地区民族经济政策模拟和实证研究[J].运 筹与管理,2015(4):148-154.

[33] 国家发展改革委国土开发与地区经济研究所课题组.地区间建立横向生态补偿制度 研究[J].宏观经济研究,2015(3):13-23.

[34] 韩秋影,黄小平,施平,等.广西合浦海草示范区的生态补偿机制[J].海洋环境科学, 2008,27(3):283-286.

[35] 何靖.延付高管薪酬对银行风险承担的政策效应:基于银行盈余管理动机视角的

PSM-DID 分析[J]. 中国工业经济,2016,(11):126-143.

[36] 贺文华. FDI 的"污染天堂假说"检验:基于中国东部和中部的证据[J]. 当代财经,2010(6):99-105.

[37] 胡求光,余璇. 中国海洋生态效率评估及时空差异——基于数据包络法的分析[J]. 社会科学,2018(1):18-28.

[38] 胡日东,林明裕. 双重差分方法的研究动态及其在公共政策评估中的应用[J]. 财经智库,2018,3(3):84-111+143-144.

[39] 胡晓珍. 中国海洋经济绿色全要素生产率区域增长差异及收敛性分析[J]. 统计与决策,2018,34(17):137-140.

[40] 胡振通,柳荻,靳乐山. 草原生态补偿:生态绩效、收入影响和政策满意度[J]. 中国人口·资源与环境,2016,26(1):165-176.

[41] 黄舒舒,张婕. 海洋资源开发项目中生态补偿的博弈分析[J]. 项目管理技术,2013,11(8):83-86.

[42] 黄钰乔,丛建辉,王灿. 国家可持续发展实验区政策实施效果评价研究[J]. 中国环境管理,2020,12(1):102-112.

[43] 纪建悦,王萍萍. 海水养殖贝类碳汇分解研究——基于修正的 Laspeyres 指数分解法[J]. 中国渔业经济,2016,34(5):79-84.

[44] 纪建悦,王萍萍. 我国海水养殖业碳汇能力测度及其影响因素分解研究[J]. 海洋环境科学,2015,34(6):871-878.

[45] 纪建悦,王萍萍. 我国海水养殖藻类碳汇能力及影响因素研究[J]. 中国海洋大学学报(社会科学版),2014(4):17-20.

[46] 贾欣,王淼,高伟. 基于渔业生态损失评价的渔业生态补偿机制研究[J]. 中国渔业经济,2010,28(2):99-104.

[47] 贾欣,尹萍,张宗英. 海洋生态补偿研究综述[J]. 农业经济与管理,2012(4):91-96.

[48] 贾欣. 海洋生态补偿机制研究[D]. 中国海洋大学,2010.

[49] 贾欣. 海洋生态补偿量的计量分析[J]. 中国渔业经济,2013,31(1):117-123.

[50] 江敏,刘金金,卢柳,胡文婷,吴昊,邢斌,任治安. 灰色聚类法综合评价滴水湖水系环境质量[J]. 生态环境学报,2012,21(2):346-352.

[51] 景守武,张捷. 新安江流域横向生态补偿降低水污染强度了吗?[J]. 中国人口·资源与环境,2018,28(10):152-159.

[52] 柯小玲,向梦,林芸. 基于主成分分析和灰色理论的武汉市生态安全评价研究[J]. 科技管理研究,2018,38(1):79-85.

[53] 孔晴. 中国环境污染综合指数的构建及其收敛性研究[J]. 统计与决策,2019,35(21):122-125.

[54] 黎鹤仙,谭春兰. 海洋生态补偿中的博弈分析[J]. 南方农业学报,2012,43(6):881-885.

[55] 李彩红,葛颜祥. 流域双向生态补偿综合效益评估研究——以山东省小清河流域为例

[J]. 山东社会科学,2019(12):85-90.

[56] 李纯厚,齐占会,黄洪辉,等. 海洋碳汇研究进展及南海碳汇渔业发展方向探讨[J]. 南方水产,2010,6(6):81-87.

[57] 李洪伟,任盈盈,陶敏. 中国环境治理投资效率评价及其收敛性分析[J]. 生态经济,2019,35(4):179-184.

[58] 李建琴,吴玮林. 海洋渔业资源萎缩的博弈分析[J]. 中国渔业经济,2018,36(2):14-20.

[59] 李京梅,刘铁鹰. 基于生境等价分析法的胶州湾围填海造地生态损害评估[J]. 生态学报,2012,32(22):7146-7155.

[60] 李京梅,杨雪. 海洋生态补偿研究综述[J]. 海洋开发与管理,2015,32(8):85-91.

[61] 李静,温国义,杨晓飞,李修任. 海洋碳汇作用机理与发展对策[J]. 海洋开发与管理,2018,35(12):11-15.

[62] 李林红,王娟,徐彦峰. 低碳试点城市政策对企业技术创新的影响——基于DID双重差分模型的实证研究[J]. 生态经济,2019,35(11):48-54.

[63] 李少林,陈满满. "煤改气""煤改电"政策对绿色发展的影响研究[J]. 财经问题研究,2019(7):49-56.

[64] 李素利,张金隆,刘汕. 多维多层视角下我国社会保障政策执行效果测度研究[J]. 管理评论,2015,27(3):24-38.

[65] 李晓璇,刘大海,刘芳明. 海洋生态补偿概念内涵研究与制度设计[J]. 海洋环境科学,2016,35(6):948-953.

[66] 李宇亮,刘恒,陈克亮. 海洋自然保护区生态保护补偿机制[J]. 生态学报,2019,39(22):8346-8356.

[67] 李战江,李楚瑛,陶华. 基于集对分析组合赋权的社会发展评价模型及实证[J]. 统计与决策,2019,35(10):22-27.

[68] 连娉婷,陈伟琪. 填海造地海洋生态补偿利益相关方的初步探讨[J]. 生态经济,2012(4):167-171.

[69] 梁红兰. 内蒙古草原生态公平问题研究[D]. 内蒙古师范大学,2015.

[70] 梁华罡. 中国海洋经济绿色发展水平综合测度与时空演化研究[D]. 辽宁师范大学,2018.

[71] 梁华罡. 中国海洋经济绿色发展水平综合测度与时空演化研究[J]. 海洋开发与管理,2019,36(5):73-83.

[72] 刘碧强. 生态文明视域下的福建海峡蓝色经济区海洋生态补偿机制探讨[J]. 广东海洋大学学报,2014,34(2):19-24.

[73] 刘超. 海岛开发生态补偿中的三方演化博弈研究[D]. 浙江海洋大学,2018.

[74] 刘海波,邵飞飞,钟学超. 我国结构性减税政策及其收入分配效应——基于异质性家庭NK-DSGE的模拟分析[J]. 财政研究,2019(3):30-46.

[75] 刘和旺,刘博涛,郑世林. 环境规制与产业转型升级:基于"十一五"减排政策的DID

检验[J].中国软科学,2019(5):40-52.

[76] 刘金福,陈虹,涂伟豪,吴彩婷,尤添革,洪伟.福建漳江口红树林湿地生态补偿研究[J].北京林业大学学报,2017,39(9):83-90.

[77] 刘锴,卞扬,王一尧,刘桂春,张耀光.海岛地区海洋碳汇量核算及碳排放影响因素研究——以辽宁省长海县为例[J].资源开发与市场,2019,35(5):632-637.

[78] 刘兰.我国海洋特别保护区的理论与实践研究[D].中国海洋大学,2006.

[79] 刘珉,陈文汇,刘智慧.林业绿色经济评价研究指标框架与试算[J].林业经济,2016,38(2):3-10.

[80] 刘平养,张晓冰,宋佩颖.水源地输血型与造血型生态补偿机制的有效性边界——以黄浦江上游水源地为例[J].世界林业研究,2014,27(1):7-11.

[81] 刘容子,吴珊珊,刘明.福建省海湾围填海规划社会经济影响评价[M].北京:科学出版社,2008.

[82] 刘瑞明,赵仁杰.西部大开发:增长驱动还是政策陷阱——基于PSM-DID方法的研究[J].中国工业经济,2015(6):32-43.

[83] 刘霜,张继民,李娜那,等.填海造陆用海项目的海洋生态补偿模式初探[J].海洋开发与管理,2000,27(9):27-29.

[84] 刘思峰,党耀国,方志耕,等.灰色系统理论及其应用[M].北京:科学出版社,2010:146-166.

[85] 刘子刚,王琦,彭爱珺,杨飞.基于PSM和DID法的湿地自然保护区保护效果分析——以黑龙江省三江和挠力河国家级自然保护区为例[J].西北大学学报(自然科学版),2019,49(1):54-61.

[86] 马庆华,杜鹏飞.新安江流域生态补偿政策效果评价研究[J].中国环境管理,2015,7(3):63-70.

[87] 马晓君,李煜东,王常欣,于渊博.约束条件下中国循环经济发展中的生态效率——基于优化的超效率SBM-Malmquist-Tobit模型[J].中国环境科学,2018,38(9):3584-3593.

[88] 马占新.数据包络分析模型与方法[M].北京:科学出版社,2010.

[89] 毛显强,钟瑜,张胜.生态补偿的理论探讨[J].中国人口·资源与环境,2002(4):40-43.

[90] 孟浩,白杨,黄宇驰,王敏,鄢忠纯,石登荣,黄沈发,王璐.水源地生态补偿机制研究进展[J].中国人口·资源与环境,2012,22(10):86-93.

[91] 苗丽娟,于永海,关春江,林霞,康婧,魏庆菲.机会成本法在海洋生态补偿标准确定中的应用——以庄河青堆子湾海域为例[J].海洋开发与管理,2014,31(5):21-26.

[92] 牛文元.持续发展导论[M].北京:科学出版社,1994.

[93] 牛文元.可持续发展理论的内涵认知——纪念联合国里约环发大会20周年[J].中国人口·资源与环境,2012,22(5):9-14.

[94] 牛文元.中国可持续发展的理论与实践[J].中国科学院院刊,2012,27(3):280-289.

[95] 彭本荣,洪华生.海岸带生态系统服务价值评估:理论与应用[M].北京:海洋出版社,
2006.

[96] 彭亮.退耕还林生态补偿机制的激励有效性——基于异质性农户视角[J].江西农业,
2018(20):116.

[97] 彭张林,张强,杨善林.综合评价理论与方法研究综述[J].中国管理科学,2015,23
(S1):245-256.

[98] 齐晔,蔡琴.可持续发展理论三项进展[J].中国人口·资源与环境,2010,20(4):110-
116.

[99] 秦曼,刘阳,程传周.中国海洋产业生态化水平综合评价[J].中国人口·资源与环境,
2018,28(9):102-111.

[100] 秦小丽,刘益平,王经政.农业生态补偿效益评价模型的构建及应用[J].统计与决
策,2018,34(15):71-75.

[101] 丘君,刘容子,赵景柱,邓红兵.渤海区域生态补偿机制的研究[J].中国人口·资源
与环境,2008(2):60-64.

[102] 曲超,刘桂环,吴文俊,王金南.长江经济带国家重点生态功能区生态补偿环境效率
评价[J].环境科学研究,2019.

[103] 曲超,刘艳红,董战峰.基于 DID 模型的流域横向生态补偿政策的污染——贵州省
赤水河流域实证研究[J].生态经济,2019,35(9):194-198.

[104] 邵桂兰,褚蕊,李晨.基于碳排放和碳汇核算的海洋渔业碳平衡研究——以山东省为
例[J].中国渔业经济,2018,36(4):4-13.

[105] 邵桂兰,刘冰,李晨.我国主要海域海水养殖碳汇能力评估及其影响效应——基于我
国 9 个沿海省份面板数据[J].生态学报,2019,39(7):2614-2625.

[106] 沈坤荣,金刚.中国地方政府环境治理的政策效应——基于"河长制"演进的研究
[J].中国社会科学,2018(5):92-115.

[107] 沈满洪,何灵巧.外部性的分类及外部性理论的演化[J].浙江大学学报(人文社会科
学版),2002(1):152-160.

[108] 沈满洪.海洋生态损害补偿及其相关概念辨析[J].中国环境管理,2019,11(4):34-
38.

[109] 石洪华,郑伟,陈尚,等.海洋生态系统服务功能及其价值评估研究[J].生态经济,
2007(3):139-142.

[110] 宋金明.中国近海生态系统碳循环与生物固碳[J].中国水产科学,2011,18(3):703-
711.

[111] 隋春花.用环境公平促优质发展——广东生态发展区生态补偿机制建设探讨[J].环
境保护,2010(3):61-63.

[112] 孙建梅,杨迪.微电网综合评价赋权方法的改进与应用[J].科学技术与工程,2019,
19(27):186-191.

[113] 孙金岭,朱沛宇.基于 SBM-Malmquist-Tobit 的"一带一路"重点省份绿色经济效率

评价及影响因素分析[J]. 科技管理研究,2019,39(12):230-237.

[114] 谭燕芝,彭千芮. 普惠金融发展与贫困减缓:直接影响与空间溢出效应[J]. 当代财经,2018(3):56-67.

[115] 唐强荣,徐学军,何自力. 生产性服务业与制造业共生发展模型及实证研究[J]. 南开管理评论,2009,12(3):20-26.

[116] 唐瑜颖,俞洁,钭晓东,王飞儿,傅智慧. 围海造地生态补偿机制探析[J]. 环境科学与管理,2015,40(2):126-130.

[117] 陶静,胡雪萍. 环境规制对中国经济增长质量的影响研究[J]. 中国人口·资源与环境,2019,29(6):85-96.

[118] 佟长福,李和平,郭永瑞,周慧,查娜. 基于DPSIR模型的农业节水生态补偿机制评价研究——以甘肃省酒泉地区为例[J]. 中国农学通报,2017,33(21):160-164.

[119] 汪慧玲,李妍,杨烨. 城市群规模、对外开放程度对环境污染影响的门槛效应——基于中国十大城市群的实证分析[J]. 吉林大学社会科学学报,2017,57(2):68-76.

[120] 王兵,戴敏,武文杰. 环保基地政策提高了企业环境绩效吗?——来自东莞市企业微观面板数据的证据[J]. 金融研究,2017(4):143-160.

[121] 王殿昌. 实施"南红北柳"生态工程 促进海洋生态文明建设[N]. 中国海洋报,2016-05-16(002).

[122] 王华星,石大千. 新型城镇化有助于缓解雾霾污染吗——来自低碳城市建设的经验证据[J]. 山西财经大学学报,2019,41(10):15-27.

[123] 王金南,董战峰,杨金田,李云生,严刚. 中国排污交易制度的实践和展望[J]. 环境保护,2009(10):17-22.

[124] 王晋. 效率与公平兼顾的流域生态补偿制度研究[D]. 浙江理工大学,2016.

[125] 王立安,许晓敏. 海洋生态补偿机制的研究现状及其展望探析[J]. 经济研究导刊,2016(22):25-29.

[126] 王丽娜. 沿海地区海洋经济与海洋环境协调性脱钩分析[J]. 河北地质大学学报,2018,41(2):58-64.

[127] 王森,段志霞. 关于建立海洋生态补偿机制的探讨[J]. 海洋信息,2007,4:7-9.

[128] 王树义,刘静. 美国自然资源损害赔偿制度探析[J]. 法学评论,2009(1):71-79.

[129] 王嵩,孙才志,范斐. 基于共生理论的中国沿海省市海洋经济生态协调模式研究[J]. 地理科学,2018,38(3):342-350.

[130] 王嵩,孙才志,范斐. 基于共生理论的中国沿海省市海洋经济生态协调模式研究[J]. 地理科学,2018,38(3):342-350.

[131] 王晓慧. 海域开发生态效率测度及提升对策研究——以浙江省为例[J]. 华东经济管理,2018,32(11):22-29.

[132] 王衍,孙士超. 海南洋浦围填海造地的海洋生态系统服务功能价值损失评估[J]. 海洋开发与管理,2015,32(7):74-80.

[133] 王怡. 环境规制有关问题研究[D]. 西南财经大学,2008.

[134] 王泽宇,崔正丹,孙才志,韩增林,郭建科.中国海洋经济转型成效时空格局演变研究[J].地理研究,2015,34(12):2295-2308.

[135] 王钊,王良虎.碳排放交易制度下的低碳经济发展——基于非期望DEA与DID模型的分析[J].西南大学学报(自然科学版),2019,41(5):85-95.

[136] 魏权龄.评价相对有效性的数据包络分析模型—DEA和网络DEA[M].北京:中国人民大学出版社,2012.

[137] 吴春梅,何秉宇,吴磊,陈璐,茉莉得尔,刘闯,杜春蕾,董文.基于市民满意度的城市环境综合整治效果评估研究——以乌鲁木齐市为例[J].干旱区资源与环境,2015,29(5):42-47.

[138] 吴建祖,王蓉娟.环保约谈提高地方政府环境治理效率了吗?——基于双重差分方法的实证分析[J].公共管理学报,2019,16(1):54-65+171-172.

[139] 吴金华,刘思雨,史敏.基于网络分析法的陕西省耕地集约利用评价[J].干旱区资源与环境,2020,34(2):109-114.

[140] 吴立军,李文秀.基于公平视角下的中国地区碳生态补偿研究[J].中国软科学,2019(4):184-192.

[141] 吴淑娟,罗少玉,肖健华.中国海洋经济绿色效率的测量及其影响因素[J].工业技术经济,2015(11):105-112.

[142] 吴泽斌,刘卫东.耕地保护政策执行力的测度与评析[J].中国土地科学,2009,23(12):33-38.

[143] 夏文斌,朱峰.生态公平:理论基础与实践路径[J].北京行政学院学报,2010(6):54-57.

[144] 向昀,任健.西方经济学界外部性理论研究介评[J].经济评论,2002(3):58-62.

[145] 熊波,杨碧云.命令控制型环境政策改善了中国城市环境质量吗?——来自"两控区"政策的"准自然实验"[J].中国地质大学学报(社会科学版),2019,19(3):63-74.

[146] 熊玮,郑鹏,赵园妹.江西重点生态功能区生态补偿的绩效评价与改进策略——基于SBM-DEA模型的分析[J].企业经济,2018(12):34-40.

[147] 徐大伟,李斌.基于倾向值匹配法的区域生态补偿绩效评估研究[J].中国人口·资源与环境,2015,25(3):34-42.

[148] 徐桂华,杨定华.外部性理论的演变与发展[J].社会科学,2004(3):26-30.

[149] 徐敬俊,覃恬恬,韩立民.海洋"碳汇渔业"研究述评[J].资源科学,2018,40(1):161-172.

[150] 徐旭,钟昌标,李冲.区域差异视角下森林生态补偿效果与影响因素研究[J].软科学,2018,32(7):107-112.

[151] 徐质斌.中国海洋经济发展战略研究[M].广州:广东经济出版社,2007:2.

[152] 严立文,黄海军,陈纪涛,杨曦光.我国近海藻类养殖的碳汇强度估算[J].海洋科学进展,2011,29(4):537-545.

[153] 杨超,吴立军,李江风,黄天能.公平视角下中国地区碳排放权分配研究[J].资源科

学,2019,41(10):1801-1813.

[154] 杨金龙,吴晓郁,石国峰,陈勇.海洋牧场技术的研究现状和发展趋势[J].中国渔业经济,2004(5):48-50.

[155] 杨丽芬,高延铭,谭萌,张莉.数据包络分析法在填海造地有效性综合评价中的尝试应用[J].海洋开发与管理,2014,31(5):27-30.

[156] 杨寅,韩大雄,王海燕.生境等价分析在溢油生态损害评估中的应用[J].应用生态学报,2011,22(8):2113-2118.

[157] 应望江,范波文.自由贸易试验区促进了区域经济增长吗?——基于沪津闽粤四大自贸区的实证研究[J].华东经济管理,2018,32(11):5-13.

[158] 于冰,胡求光.海洋生态损害补偿研究综述[J].生态学报,2018,38(19):6826-6834.

[159] 于春艳,洛昊,鲍晨光,许妍,兰冬东,马明辉.陆源入海污染物总量控制绩效评估指标体系的建立——以天津海域为例[J].海洋开发与管理,2016,33(12):61-66.

[160] 于佐安,谢玺,朱守维,杜尚昆,李晓东,李大成,周遵春,王庆志.辽宁省海水养殖贝藻类碳汇能力评估[J].大连海洋大学学报,2020,35(3):382-386.

[161] 余国平,丁勇,张道波,舒杰.积极推行减船转产工程,确保东海区海洋渔业的可持续发展[J].海洋渔业,2003(1):8-11.

[162] 余亮亮,蔡银莺.基于农户满意度的耕地保护经济补偿政策绩效评价及障碍因子诊断[J].自然资源学报,2015,30(7):1092-1103.

[163] 俞虹旭,余兴光,陈克亮.海洋生态补偿研究进展及实践[J].环境科学与技术,2013,36(5):100-104.

[164] 岳冬冬,王鲁民,方海,耿瑞,赵鹏飞,熊敏思,王茜,周雨思,肖黎.基于碳平衡的中国海洋渔业产业发展对策探析[J].中国农业科技导报,2016,18(4):1-8.

[165] 岳冬冬,王鲁民.中国海水贝类养殖碳汇核算体系初探[J].湖南农业科学,2012(15):120-122.

[166] 岳思羽.汉江流域生态补偿效益的评价研究[J].环境科学导刊,2012,31(2):42-45.

[167] 张偲,王淼.中国海域有偿使用的实证考察:2002—2017[J].中国软科学,2018(8):148-164.

[168] 张诚谦.论可更新资源的有偿利用[J].农业现代化研究,1987(5):22-24.

[169] 张继红,方建光,唐启升.中国浅海贝藻养殖对海洋碳循环的贡献[J].地球科学进展,2005(3):359-365.

[170] 张继伟,黄歆宇.海洋环境风险的生态补偿博弈分析[J].海洋开发与管理,2009,26(5):58-62.

[171] 张军,吴桂英,张吉鹏.中国省际物质资本存量估算:1952—2000[J].经济研究,2004(10):35-44.

[172] 张林姣.东海陆源污染治理机制研究[D].宁波大学,2017.

[173] 张敏,高东东,何成江,赵军海,尹恒.基于模糊数学的德阳市平原地下水环境质量评价[J].环境工程,2016,34(4):151-155.

[174] 张涛,庄贵军,张晋.基于BP人工神经网络的中小企业技术创新能力评价研究——从政府角度出发[J].中国科技论坛,2009(2):53-57.

[175] 张晓,白福臣.广东省海洋资源环境系统与海洋经济系统耦合关系研究[J].生态经济,2018,34(9):75-80.

[176] 张兴,张炜,赵敏娟.退耕还林生态补偿机制的激励有效性——基于异质性农户视角[J].林业经济问题,2017,37(1):31-36+102.

[177] 张志新,刘名多.低碳试点城市政策对贸易依存度的影响——基于DID模型的实证研究[J].生态经济,2019,35(6):33-38.

[178] 赵斐斐,陈东景,徐敏,等.基于CVM的潮滩湿地生态补偿意愿研究[J].海洋环境科学,2011,30(6):972-875.

[179] 赵斐斐,陈东景,徐敏,肖建红.基于CVM的潮滩湿地生态补偿意愿研究——以连云港海滨新区为例[J].海洋环境科学,2011,30(6):872-876.

[180] 赵林,张宇硕,吴迪,王永明,吴殿廷.考虑非期望产出的中国省际海洋经济效率测度及时空特征[J].地理科学,2016,36(5):671-680.

[181] 郑德凤,郝帅,孙才志,吕乐婷.中国大陆生态效率时空演化分析及其趋势预测[J].地理研究,2018,37(5):1034-1046.

[182] 郑苗壮,刘岩,彭本荣,等.海洋生态补偿的理论及内涵解析[J].生态环境学报,2012,21(11):1911-1915.

[183] 郑伟,徐元,石洪华,等.海洋生态补偿理论及技术体系初步构建[J].海洋环境科学,2011,30(6):877-880.

[184] 钟秀明,白福臣.我国海洋政策评估体系构建探讨[J].资源开发与市场,2012,28(4):320-324.

[185] 周迪,周丰年,王雪芹.低碳试点政策对城市碳排放绩效的影响评估及机制分析[J].资源科学,2019,41(3):546-556.

[186] 周欣莹.福建省海洋生态补偿评价指标与模型研究[D].华侨大学,2016.

[187] 邹玮,孙才志,覃雄合.基于Bootstrap-DEA模型环渤海地区海洋经济效率空间演化与影响因素分析[J].地理科学,2017,37(6):859-867.

[188] Anna C T,Karen J M. Uptake and release of nitrogen by the macroalgae Gracilaria Vermicul ophylla(rhodophyta)[J]. The Journal of Physiology,2006,42:515-525.

[189] Bertrand M,Duflo E,Mullainathan S. How much should we trust different estimates?[J]. Quarterly journal of ecnomics,2004,119(1):249-275.

[190] Bo Zhou,Cheng Zhang ,Haiying Song ,Qunwei Wang. How does emission trading reduce China's carbon intensity? An exploration using a decomposition and difference-indifferences approach[J]. Science of the Total Environment,2019(676):514-523.

[191] Bremerll,Farleyka,Lopez Carr D. What factors influence participation payment for ecosystem services programs? An evaluation of Ecuador's Socio program[J]. Land

Use Policy,2014(36):122-133.

[192] Cabral P,Levrel H,Viard F,Frangoudes K,Girard S,Scemama P. Ecosystem services assessment and compensation costs for installing seaweed farms[J]. Marine Policy,2016, 71:157-165.

[193] Cabral P，Levrel H，Viard F，Frangoudes K，Girard S，Scemama P. Ecosystem services assessment and compensation costs for installing seaweed farms[J]. Marine Policy,2016,71:157-165.

[194] Cole S G. Equity over efficiency:a problem of credibility in scaling resource-based compensation[J]. Journal of Environmental Economics and Policy,2013,2(1):93-117.

[195] Donato D C. Mangroves among the most carbon-rich forests in the tropics[J]. Nature Geoscience,2011. 45:293-297.

[196] Douglas D,Fiara O. Natural resource damage assessments in the Unites States: rules and procedures for compensation from spills of hazardous substances and oil in waterways under US jurisdiction[J]. Marine pollution bullention,2002,44:96-110.

[197] Fare R,Grosskopf S,Norrism ,et al. Productivity growth,technical progress ,and efficiency change in industrialized countries[J]. American Economic Review,1994, 84(1):66-83.

[198] Feng RanXu，Bao Li，Gao Baiyin，Jian WeiJia. Benefits of Xin'an river water resources and ecological compensation[J]. Advanced Materials Research,2015, 3702(1073).

[199] Frank M. Marine resource damage assessment: liability and compensation for environmental damage[M]. Springer,2005:3-25.

[200] Han Wan,Zhoupeng Chen, Xingyi Wu, Xin Nie. Can a carbon trading system promote the transformation of a low-carbon economy under the framework of the porter hypothesis? —Empirical analysis based on the PSM-DID method[J]. Energy Policy,2019 (129):930-938.

[201] Huber R,Briner S ,Peringer A ,et al. Modeling social-ecological feedback effects in the implementation of payments for environmental services in pasture-woodlands [J]. Ecology and Society,2013,18(2):41.

[202] Karl Van Biervilrt,Dirk Le Rov,Paulo A L D Nunes. A contingent valuation study of an accidental oil spill along the belgian coast[C]//. Frank M. Marine resource damage assessment:liabilite and compensation for environmental damage. Berlin: Springer,2005:165-207.

[203] Landell-mills N,Poras I. Silver Bulletor Fools'Gold? A Global Review of Markets for Forest Environmental Services and Their Impacts on the Poor[R]. London:

IIED,2002.

[204] Leimona B,Noordwijk M,de Groot R,Leemans R. Fairly efficient,efficiently fair: Lessons from designing and testing payment schemes for ecosystem services in Asia[J]. Ecosystem Services,2015:16-28.

[205] Li G,He Q,Shao S,Cao J. Environmental non-governmental organizations and urban environmental governance: Evidence from China [J]. Journal of Environmental Management ,2018(206):1296-1307.

[206] Martin-Ortega J,Brouwer R,Aiking H. Application of a value-based equivalency method to assess environmental damage compensation under the European Environmental liability directive[J]. Journal of Environmental Management,2011, 92(6):1461-1470.

[207] Mcdermott M,Mahanty S,Schreckenberg K. Examining equity:a multidimensional framework for assessing equity in payments for ecosystem services [J]. Environmental Science&Policy,2013(33):416-427.

[208] NOAA. Injury assessment guidance document for natural resource damage assessment under the oil pollution act of 1990. U. S[M]. Damage Assessment Center,1996.

[209] Pascual U,Muradian R,Rodriguz L C. Exploring the links between equity and efficiency in payments for environmental services: A conceptual approach[J]. Ecological Economics,2010,69(6):1237-1244.

[210] Passow U,Carlson C A. The biological pump in a high CO2 world[J]. Marine Ecology Progress Series,2012,470:249-271.

[211] Paulo A L D, Nunes A T, De Vlaeu. Economic assessment of marine auality benefits:applying tue use of non-market valuation methods[C]//. Frank Maes. Marine resources damage assessment:liabilite and compensation for environmental damage. Berlin:Springer,2005:136-163.

[212] Peng BR,Chen W Q,Hong H S. Integrating ecological damages into the user charge for land reclamation:a case study of Xiamen,China[J]. Stochastic Environmental Research and Risk Assessment,2011,25(3):341-351.

[213] Qu Q,Tsai S,Tang M,et al. Marine ecological environment management based on ecological compensation mechanisms[J]. Sustainability,2016,8(12):1267.

[214] Rao H H,Lin C C,Kong H,JinD,Peng B R. Ecological damage compensation for coastal sea area uses[J]. Ecological Indicators,2014,38:149-158.

[215] Sabine C L,Feely R A,Gruber N,et al. The oceanic sink for anthropogenic CO_2 [J]. Science,2004,305(5682):367-371.

[216] Sen Chenxun, Zheng Haitao, Yin Yaliu. Did Chinese cities that implemented driving restrictions see reductions in PM10? [J]. Transportation Research Part D,2020,79.

[217] Shao C,Guan Y,Chu C,et al. Trends analysis of ecological environment security

based on dpsir model in the coastal zone: A survey study in Tianjin,China[J].
International Journal of Environmental Research,2014,8(3):765-778.

[218] Sommerville M,Jones J,Rahajaharson M. The role offairness and benefit distribution in
community-based payment for environmental services interventions:Acase study from
Menabe,Madagascar[J]. Ecological Economics,2010,69(6):1262-12 71.

[219] Stefanie E,Stefano P,Sven W. Designing payments for environmental services in
theory and practice:An overview of the issues[J]. Ecological Economics,2008,65
(4).

[220] Strange E,Galbraith H,Bickel S,Mills D,Beltman D,Lipton J. Determining ecological
equivalence in service-to-service scaling of salt marsh restoration [J]. Environmental
Management,2002,29(2):290-300.

[221] Tacconi L. Redefining payments for environmental services[J]. Ecological Economics,
2012(73):29-36.

[222] Vatn A. An institutional analysis of payments for environmental services[J]. Ecological
Economics,2010,69(6):1245-1252.

[223] World Commission on Environment and Development:Our Common Future[M].
Oxford:Oxford University Press,1987.

[224] Wunder S. The efficiency of payments for environmental services in tropical conservation
[J]. Conservation Biology,2007,21(1):48-58.

[225] Xi Wu,Li Yan,Ting Zhong. How the dimension of some GCF∈ sets change with
proper choice of the parameter function? [J]. Journal of Number Theory,2017,
174.

[226] Young A. Gold into base met als:Productivity growth in the people's republic of
China during the reform period [R]. Beijing:National Bureau of Economic
Research,2000.

[227] Zafonte M,Hampton S. Exploring welfare implications of resource equivalency analysis in
natural resource damage assessments[J]. Ecological Economics,2007,61(1):134-145.

附　录

附表1　2006—2016年中国沿海地区海洋生态与海洋经济耦合阶段

时间(年)	2006	2007	2008	2009	2010	2011
天津	高水平耦合	高水平耦合	高水平耦合	高水平耦合	高水平耦合	高水平耦合
河北	高水平耦合	高水平耦合	磨合阶段	拮抗阶段	磨合阶段	高水平耦合
辽宁	高水平耦合	高水平耦合	高水平耦合	高水平耦合	高水平耦合	高水平耦合
上海	高水平耦合	高水平耦合	高水平耦合	高水平耦合	高水平耦合	高水平耦合
江苏	高水平耦合	高水平耦合	高水平耦合	高水平耦合	高水平耦合	高水平耦合
浙江	高水平耦合	高水平耦合	高水平耦合	磨合阶段	磨合阶段	磨合阶段
福建	高水平耦合	高水平耦合	高水平耦合	高水平耦合	高水平耦合	高水平耦合
山东	高水平耦合	高水平耦合	高水平耦合	高水平耦合	高水平耦合	高水平耦合
广东	高水平耦合	高水平耦合	高水平耦合	高水平耦合	高水平耦合	高水平耦合
广西	磨合阶段	磨合阶段	磨合阶段	磨合阶段	磨合阶段	磨合阶段
海南	高水平耦合	高水平耦合	高水平耦合	高水平耦合	高水平耦合	高水平耦合
时间(年)	2012	2013	2014	2015	2016	
天津	高水平耦合	高水平耦合	高水平耦合	高水平耦合	高水平耦合	
河北	磨合阶段	磨合阶段	高水平耦合	高水平耦合	磨合阶段	
辽宁	高水平耦合	高水平耦合	高水平耦合	高水平耦合	高水平耦合	
上海	高水平耦合	高水平耦合	高水平耦合	高水平耦合	高水平耦合	
江苏	高水平耦合	高水平耦合	高水平耦合	高水平耦合	高水平耦合	
浙江	高水平耦合	拮抗阶段	高水平耦合	高水平耦合	高水平耦合	
福建	高水平耦合	高水平耦合	高水平耦合	高水平耦合	高水平耦合	
山东	高水平耦合	高水平耦合	高水平耦合	高水平耦合	高水平耦合	
广东	高水平耦合	高水平耦合	高水平耦合	高水平耦合	高水平耦合	
广西	磨合阶段	高水平耦合	磨合阶段	磨合阶段	磨合阶段	
海南	高水平耦合	高水平耦合	高水平耦合	高水平耦合	高水平耦合	

附表2 2006—2016年中国沿海地区海洋生态与海洋经济耦合协调等级和发展类型

时间(年)	2006	2007	2008	2009	2010	2011
天津	中级协调发展 同步型	初级协调发展 同步型	中级协调发展 同步型	中级协调发展 同步型	中级协调发展 海洋生态主导型	中级协调发展 海洋生态主导型
河北	轻度失调发展 海洋经济滞后型	轻度失调发展 海洋经济滞后型	轻度失调发展 海洋经济滞后型	中度失调衰退 海洋经济损益型	轻度失调发展 海洋经济滞后型	初级协调发展 海洋经济滞后型
辽宁	初级协调发展 海洋经济滞后型	初级协调发展 海洋经济滞后型	初级协调发展 海洋经济滞后型	初级协调发展 海洋经济滞后型	初级协调发展 海洋经济滞后型	初级协调发展 海洋经济滞后型
上海	中级协调发展 海洋生态主导型	中级协调发展 海洋生态主导型	中级协调发展 海洋生态主导型	中级协调发展 海洋生态主导型	中级协调发展 海洋生态主导型	中级协调发展 海洋生态主导型
江苏	初级协调发展 海洋经济滞后型	中级协调发展 海洋经济主导型	初级协调发展 海洋经济滞后型	初级协调发展 海洋经济滞后型	中级协调发展 海洋经济主导型	中级协调发展 海洋生态主导型
浙江	轻度失调发展 海洋生态滞后型	中度失调衰退 海洋生态损益型	中度失调衰退 海洋生态损益型	中度失调衰退 海洋生态损益型	严重失调衰退 海洋生态损益型	严重失调衰退 海洋生态损益型
福建	初级协调发展 海洋经济滞后型	初级协调发展 海洋生态滞后型	初级协调发展 同步型	中级协调发展 同步型	初级协调发展 海洋经济滞后型	中级协调发展 同步型
山东	中级协调发展 海洋经济主导型	中级协调发展 海洋经济主导型	中级协调发展 海洋经济主导型	中级协调发展 海洋经济主导型	中级协调发展 海洋经济主导型	中级协调发展 海洋经济主导型
广东	中级协调发展 同步型	中级协调发展 海洋经济主导型	中级协调发展 同步型	中级协调发展 同步型	中级协调发展 同步型	中级协调发展 海洋经济主导型
广西	中度失调衰退 海洋经济损益型	中度失调衰退 海洋经济损益型	轻度失调发展 海洋经济滞后型	轻度失调发展 海洋经济滞后型	轻度失调发展 海洋经济滞后型	中度失调衰退 海洋经济损益型
海南	中级协调发展 海洋经济主导型	中级协调发展 海洋经济主导型	中级协调发展 海洋经济主导型	中级协调发展 海洋经济主导型	中级协调发展 海洋经济主导型	中级协调发展 海洋经济主导型

续表

时间(年)	2012	2013	2014	2015	2016	
天津	中级协调发展 海洋生态主导型	中级协调发展 海洋生态主导型	中级协调发展 海洋生态主导型	中级协调发展 同步型	中级协调发展 海洋经济主导型	
河北	轻度失调发展 海洋经济滞后型	轻度失调发展 海洋经济滞后型	初级协调发展 海洋经济滞后型	轻度失调发展 海洋经济滞后型	轻度失调发展 海洋经济滞后型	
辽宁	初级协调发展 海洋经济滞后型	初级协调发展 海洋经济滞后型	初级协调发展 海洋经济滞后型	初级协调发展 海洋经济滞后型	初级协调发展 海洋经济滞后型	
上海	中级协调发展 海洋生态主导型	中级协调发展 海洋生态主导型	中级协调发展 海洋生态主导型	中级协调发展 海洋生态主导型	中级协调发展 海洋生态主导型	
江苏	初级协调发展 海洋生态滞后型	初级协调发展 海洋经济滞后型	初级协调发展 海洋经济滞后型	初级协调发展 海洋经济滞后型	初级协调发展 海洋经济滞后型	
浙江	中度失调衰退 海洋生态损益型	严重失调衰退 海洋生态损益型	中度失调衰退 海洋生态损益型	严重失调衰退 海洋生态损益型	初级协调发展 同步型	
福建	初级协调发展 同步型	初级协调发展 海洋生态滞后型	中级协调发展 海洋生态主导型	中级协调发展 海洋生态主导型	中级协调发展 同步型	
山东	中级协调发展 海洋经济主导型	中级协调发展 海洋经济主导型	良好协调发展 海洋经济主导型	良好协调发展 海洋经济主导型	中级协调发展 同步型	
广东	中级协调发展 同步型	中级协调发展 同步型	良好协调发展 同步型	良好协调发展 同步型	良好协调发展 同步型	
广西	初级协调发展 海洋经济滞后型	初级协调发展 海洋经济滞后型	中度失调衰退 海洋生态损益型	中度失调衰退 海洋经济损益型	中度失调衰退 海洋经济损益型	
海南	中级协调发展 海洋经济主导型	良好协调发展 海洋经济主导型	中级协调发展 海洋经济主导型	中级协调发展 海洋经济主导型	良好协调发展 海洋经济主导型	

附表 3　2006—2016 年中国沿海地区海洋生态与海洋经济脱钩状态

时间(年)	2006—2007	2007—2008	2008—2009	2009—2010	2010—2011
天津	强脱钩	增长连接	强脱钩	强脱钩	增长连接
河北	弱脱钩	弱脱钩	强负脱钩	强脱钩	增长连接
辽宁	强脱钩	弱脱钩	强脱钩	弱脱钩	强脱钩
上海	弱脱钩	强脱钩	弱负脱钩	强脱钩	扩张负脱钩
江苏	弱脱钩	弱脱钩	强脱钩	弱脱钩	弱脱钩
浙江	强脱钩	扩张负脱钩	强脱钩	强脱钩	强脱钩
福建	强脱钩	增长连接	弱脱钩	增长连接	强脱钩
山东	强脱钩	弱脱钩	强脱钩	弱脱钩	强脱钩
广东	增长连接	弱脱钩	弱脱钩	强脱钩	弱脱钩
广西	弱脱钩	弱脱钩	弱脱钩	强脱钩	强脱钩
海南	弱脱钩	弱脱钩	弱脱钩	弱脱钩	强脱钩
时间(年)	2011—2012	2012—2013	2013—2014	2014—2015	2015—2016
天津	扩张负脱钩	强脱钩	扩张负脱钩	强负脱钩	强负脱钩
河北	强脱钩	强脱钩	增长连接	强脱钩	衰退脱钩
辽宁	扩张负脱钩	强脱钩	扩张负脱钩	弱负脱钩	强负脱钩
上海	扩张负脱钩	强脱钩	强负脱钩	扩张负脱钩	强脱钩
江苏	强脱钩	强脱钩	强脱钩	扩张负脱钩	强脱钩
浙江	扩张负脱钩	强脱钩	扩张负脱钩	强脱钩	扩张负脱钩
福建	强脱钩	强脱钩	扩张负脱钩	强脱钩	扩张负脱钩
山东	强脱钩	强脱钩	弱脱钩	强脱钩	强脱钩
广东	弱脱钩	强脱钩	弱脱钩	增长连接	扩张负脱钩
广西	弱脱钩	强脱钩	增长连接	强脱钩	扩张负脱钩
海南	强脱钩	弱脱钩	强脱钩	强脱钩	弱脱钩

附表4　2006—2016年中国沿海地区海洋生态与海洋经济共生状态

时间（年）	2006—2007	2007—2008	2008—2009	2009—2010	2010—2011
天津	反向非对称共生	正向偏利共生a	寄生关系a	正向非对称互惠共生	反向偏利共生a
河北	寄生关系a	寄生关系a	正向非对称互惠共生	反向非对称共生	寄生关系a
辽宁	寄生关系a	寄生关系a	反向非对称共生	正向非对称互惠共生	反向非对称共生
上海	反向偏利共生a	正向偏利共生a	正向偏利共生a	寄生关系a	反向非对称共生
江苏	寄生关系a	正向非对称互惠共生	反向非对称共生	寄生关系a	正向偏利共生a
浙江	寄生关系a	寄生关系a	正向非对称互惠共生	寄生关系a	正向非对称互惠共生
福建	寄生关系a	寄生关系a	反向偏利共生a	正向非对称互惠共生	反向非对称共生
山东	反向偏利共生a	寄生关系a	正向偏利共生a	正向非对称互惠共生	寄生关系a
广东	正向非对称互惠共生	反向偏利共生	正向偏利共生a	寄生关系b	正向偏利共生a
广西	正向非对称互惠共生	寄生关系a	正向非对称互惠共生	反向非对称共生	寄生关系a
海南	寄生关系a	正向偏利共生a	寄生关系a	正向非对称互惠共生	反向非对称共生
时间（年）	2011—2012	2012—2013	2013—2014	2014—2015	2015—2016
天津	正向偏利共生a	正向非对称互惠共生	寄生关系a	寄生关系a	正向非对称互惠共生
河北	寄生关系a	寄生关系a	寄生关系a	寄生关系a	寄生关系a
辽宁	正向非对称互惠共生	正向非对称互惠共生	反向非对称共生	寄生关系b	正向非对称互惠共生
上海	寄生关系b	反向偏利共生a	反向偏利共生a	寄生关系b	正向非对称互惠共生
江苏	寄生关系b	寄生关系b	反向非对称共生	正向非对称互惠共生	反向非对称共生
浙江	反向非对称共生	寄生关系a	寄生关系b	正向非对称互惠共生	正向非对称互惠共生
福建	寄生关系b	寄生关系a	反向对称共生	正向偏利共生a	并生模式
山东	反向非对称共生	寄生关系b	寄生关系a	正向非对称互惠共生	反向非对称共生
广东	寄生关系a	寄生关系b	寄生关系a	正向偏利共生a	正向偏利共生a
广西	寄生关系a	反向非对称共生	正向非对称互惠共生	寄生关系b	寄生关系a
海南	反向非对称共生	寄生关系a	寄生关系b	反向非对称共生	正向偏利共生a

注：寄生关系a代表海洋生态受益、海洋经济受害的寄生关系，寄生关系b代表海洋经济受益、海洋生态受害的寄生关系；
正向偏利共生a代表海洋生态受益、海洋经济非受益的正向偏利共生关系；反向偏利共生a代表海洋经济受害、海洋生态
非受害的反向偏利共生关系。

附表 5　2006—2016 年中国 11 个沿海地区海洋生态补偿的 Malmquist 指数 TFPCH

地区	2006 — 2007 年	2007 — 2008 年	2008 — 2009 年	2009 — 2010 年	2010 — 2011 年	2011 — 2012 年	2012 — 2013 年	2013 — 2014 年	2014 — 2015 年	2015 — 2016 年
辽宁	1.004	1.077	0.97	1.016	1.008	1.019	1.135	1.088	1.122	1.234
天津	1.041	1.032	0.844	1.023	1.068	0.958	0.944	1.054	1.009	0.942
河北	1.026	1.013	0.976	1.042	0.999	0.972	0.959	1.005	0.894	1.042
山东	0.983	1.036	0.899	1.189	1.044	1.051	0.941	0.921	1.093	1.034
江苏	1.094	1.183	0.981	1.005	1.131	0.98	0.956	1.043	1.064	1.062
上海	1.082	1.068	1.054	1.039	1.088	0.968	0.985	0.973	0.969	0.992
浙江	1.102	1.046	1.118	0.897	1.015	0.975	0.975	1.013	1.011	1.069
福建	1.032	1.054	0.958	1.014	1.013	0.98	0.972	1.019	1.074	1.005
广东	1.105	1.094	0.863	0.89	1.144	1.125	0.889	1.095	1.032	0.961
广西	1.012	1.017	0.831	0.928	0.958	0.927	0.964	0.964	0.978	0.979
海南	2.305	1.113	0.761	0.914	0.827	0.707	1.125	1.174	0.933	0.846
全国	1.125	1.066	0.927	0.993	1.023	0.964	0.983	1.03	1.014	1.011

附表 6　2006—2016 年中国 11 个沿海地区海洋生态补偿的技术效率指数 EFFCH

地区	2006 — 2007 年	2007 — 2008 年	2008 — 2009 年	2009 — 2010 年	2010 — 2011 年	2011 — 2012 年	2012 — 2013 年	2013 — 2014 年	2014 — 2015 年	2015 — 2016 年
辽宁	0.924	1.012	0.994	0.972	0.972	1.014	1.086	1.103	1.000	1.000
天津	0.852	0.998	0.888	1.075	0.808	0.975	1.019	0.987	1.017	1.003
河北	1.000	1.000	1.000	1.000	1.000	1.000	1.000	1.000	1.000	1.000
山东	0.995	0.976	0.860	1.009	1.025	0.987	0.962	1.052	0.919	0.888
江苏	0.980	0.929	0.979	1.177	0.857	0.992	0.989	0.982	0.872	1.007
上海	1.000	1.000	1.000	1.000	1.000	1.000	1.000	1.000	1.000	1.000
浙江	1.000	1.000	1.000	1.000	1.000	1.000	1.000	1.000	1.000	1.000
福建	1.027	0.974	1.062	1.160	0.886	0.975	1.011	0.992	1.011	1.009
广东	1.042	0.954	1.140	1.093	0.819	0.988	1.007	0.999	1.001	1.041
广西	1.000	1.000	1.000	1.000	1.000	1.000	1.000	1.000	1.000	1.000
海南	0.987	0.981	0.980	0.986	0.974	1.007	0.989	1.017	1.016	0.923
全国	0.981	0.984	0.989	1.041	0.937	0.994	1.005	1.011	0.984	0.987

附表7 2006—2016年中国11个沿海地区海洋生态补偿的技术进步指数 TECH

地区	2006—2007年	2007—2008年	2008—2009年	2009—2010年	2010—2011年	2011—2012年	2012—2013年	2013—2014年	2014—2015年	2015—2016年
辽宁	1.086	1.064	0.976	1.046	1.036	1.005	1.045	0.986	1.122	1.234
天津	1.046	1.058	0.981	1.014	1.042	0.971	0.981	1.001	1.098	1.061
河北	1.047	1.090	0.997	0.886	1.166	0.980	0.970	1.024	1.024	1.035
山东	0.983	1.036	0.899	1.189	1.044	1.051	0.942	0.921	1.093	1.034
江苏	1.094	1.183	0.981	1.005	1.131	0.980	0.956	1.043	1.064	1.062
上海	1.053	1.096	0.992	0.896	1.228	0.993	0.974	0.981	0.958	0.983
浙江	1.058	1.096	0.980	0.820	1.240	0.987	0.969	1.014	1.011	1.026
福建	1.046	1.075	0.978	1.029	1.039	0.973	0.982	1.002	1.057	1.089
广东	1.105	1.094	0.863	0.890	1.144	1.125	0.889	1.095	1.032	0.961
广西	1.188	1.019	0.936	0.863	1.186	0.951	0.946	0.976	0.961	0.976
海南	2.305	1.113	0.761	0.914	0.827	0.707	1.125	1.174	0.933	0.846
全国	1.147	1.083	0.938	0.954	1.092	0.969	0.978	1.018	1.03	1.024

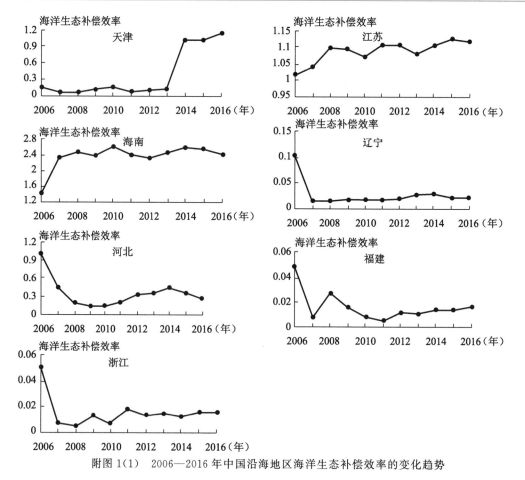

附图1(1) 2006—2016年中国沿海地区海洋生态补偿效率的变化趋势

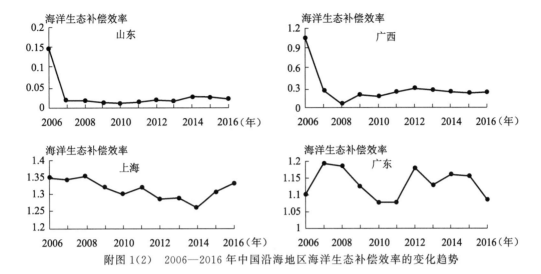

附图 1(2)　2006—2016 年中国沿海地区海洋生态补偿效率的变化趋势

后 记

本书是在我的博士论文基础上修改而成的。在本书付梓之际,回首在中国海洋大学的14年学习、工作的美好时光,都将化作一份宝贵的回忆。

在此,最先感谢我的导师殷克东教授在论文选题、修改及定稿过程中给予我的支持和帮助!殷老师渊博的知识、严谨的学术态度和"淡泊明志、宁静致远"的科研理念对我产生了深刻的影响,帮助我建立了正确的学术观;在特殊时期,殷老师在百忙之余,多次利用网络对我的文章进行了细致的修改,在此献上我由衷的谢意!

感谢中国海洋大学海洋与大气学院郭佩芳教授、吴克俭教授、余静副教授及其他专家们对本书提出的宝贵意见;感谢学院老师们在学业上的指导,感谢课题组其他老师的帮助;感谢张彩霞、周仕炜、阎翔东、方馨、王莉红等同门师姐和师弟师妹们在博士学习与本书写作过程中给予的帮助及支持,你们的鼓励是我不断前行的动力!感谢我的母校——中国海洋大学对我的培养,她严谨的学风、高水平的学术氛围塑造了我扎实、稳重、创新的科研理念,为我留下了14年的美好回忆,每一个成长瞬间将永远铭记在我心头!

特别需要感谢我的家人和朋友们对我的支持与鼓励。感谢我的父母对我的理解和支持,在我博士学习和毕业期间帮助照顾孩子,让我能全身心投入科研;感谢我的先生对我学业的支持,并为我提供了生活的保障和精神的鼓励;感谢我的儿子对我的精神支持,让我保持攻坚克难的勇气,并成为我不断前进的最大动力!

在本书的写作过程中,参阅、借鉴了许多专家和学者的研究思路与成果;本书能够顺利出版,得益于中国海洋大学出版社编辑的耐心帮助,在此一并表示感谢。由于本人水平和能力有限,本书仍有许多不足之处,恳请专家及学者给予批评指正。

石晓然

2023 年 10 月于三亚